REIHE AUTOMATISIERUNGSTECHNIK

HERAUSGEGEBEN VON B. WAGNER UND G. SCHWARZE   BAND 12

Franz Stuchlik

Programmgesteuerte Universalrechner

3., bearbeitete Auflage

SPRINGER FACHMEDIEN WIESBADEN GMBH

Additional material to this book can be downloaded from http://extras.springer.com

Lektor: *Jürgen Reichenbach*

Bestellnummer: 5012

ISBN 978-3-322-97985-8   ISBN 978-3-322-98586-6 (eBook)
DOI 10.1007/978-3-322-98586-6

Einbandgestaltung: *Peter Kohlhase*

Inhaltsverzeichnis

1. Einleitung

1.1. Warum beschäftigen wir uns mit Rechenautomaten?

Mit einem unvergleichbaren Tempo entwickelt sich die Technik und gibt dem Menschen die Möglichkeit, nicht nur zum Kern der Materie vorzudringen, sondern sogar die Erde, an die er seit seiner Existenz gebunden war, zu verlassen, damit er das Weltall erforsche. Doch dies geschieht nicht im Selbstlauf, sondern verlangt vom Menschen die Lösung von Problemen mit größter Präzision und die Beantwortung von Fragen in kürzester Zeit. Dabei sind oft Tausende von Rechenoperationen in Bruchteilen einer Sekunde auszuführen.

Die ständig zunehmende Verfeinerung der Produktionsprozesse verlangt auch, komplizierteste physikalische, chemische, technologische und andere Abläufe mit mathematischen Hilfsmitteln zu erfassen. Hierbei werden die klassischen Methoden der reinen Mathematik den wachsenden Anforderungen der Technik immer weniger gerecht. Das technische Problem muß entweder den klassischen Methoden untergeordnet oder es müssen Näherungsmethoden angewendet werden. Dies bringt neue Schwierigkeiten mit sich, die einerseits von dem großen Umfang der durchzuführenden numerischen Rechnungen und andererseits von der in den seltensten Fällen angebbaren Genauigkeit der Resultate herrühren. Der Ingenieur bevorzugte daher meistens bei der mathematischen Behandlung praktischer Probleme lineare Ansätze und idealisierte die Aufgaben, um die genannten klassischen Methoden zur Anwendung bringen zu können. Für die Praxis wichtige Effekte gingen dabei oft von vornherein verloren. Bei dem heutigen Stand der Technik ist eine derartige mathematische Beschreibung in vielen Fällen nicht mehr ausreichend; daher wird mit Recht gefordert, daß die in Frage kommenden Prozesse vollständig und mit hinreichender Genauigkeit mathematisch beschrieben werden. Dies verlangt vielfach die Entwicklung neuer Methoden und die Beherrschung von umfangreichen Berechnungen mit vielen Tausenden, oft Millionen, Rechenoperationen.

Vielen dieser Aufgaben stehen die althergebrachten Rechenbüros machtlos gegenüber. Deshalb ließen die genannten Forderungen den Wunsch aufkommen, die Berechnungen zu automatisieren, d. h., die Arbeit des menschlichen Rechners von einem Automaten ausführen zu lassen. Das Resultat diesbezüglicher Bemühungen sind die sog. „programmgesteuerten Rechenmaschinen".

Programmgesteuerte Rechenmaschinen, auch Rechenautomaten genannt, arbeiten heute bereits nicht nur in wissenschaftlichen Instituten und Forschungsstellen, sondern sie verschaffen sich auch immer mehr Eingang in die Produktion. Sie ermöglichen einerseits die Realisierung verfeinerter Prozesse, und andererseits erfordert die weitere Verfeinerung von Prozessen immer leistungsfähigere Rechenmaschinen.

Während die herkömmlichen Maschinen, wie Elektromotoren, Dampfmaschinen usw., die menschliche oder tierische Muskelkraft in immer größerem Umfang ersetzen und dabei gleichzeitig vervielfachen, bleibt dem Menschen in der Produktion die Aufgabe ihrer Steuerung und Überwachung. In der Regel ist dies eine sehr anstrengende und sehr viel Konzentration verlangende Arbeit. Rechenautomaten können nun auf Grund ihrer Fähigkeit, Vergleiche durchzuführen und logische Entscheidungen zu treffen, dazu eingesetzt werden, den im Produktionsprozeß stehenden Menschen von seiner umfassenden Steuerungs- und fortwährenden Überwachungstätigkeit zu befreien. Darüber hinaus sind sie in der Lage, mit ihren auf Grund ihrer Informationen über den Produktionsprozeß getroffenen Entscheidungen den Ablauf einer vollautomatischen Produktion zu ermöglichen, der den Menschen für schöpferische Arbeiten freistellt. Auch für kaufmännische, verwaltungsmäßige und wirtschaftliche Aufgaben großen Umfangs werden Rechenanlagen eingesetzt, um ihnen die Routinearbeiten zu übertragen.
Überallhin dringen Rechenautomaten vor, gleichgültig, ob es sich dabei um Wirtschaft, Wissenschaft und Technik oder spezieller die Medizin, die Landwirtschaft, den Sport oder die Sprachübersetzung handelt. Jeder einzelne wird mit ihnen früher oder später mittelbar oder unmittelbar zu tun haben.

1.2.   Geschichtliche Bemerkungen

Während die Bemühungen, Hilfsmittel zur Erleichterung der Rechenarbeit zu schaffen, schon recht alt sind, brauchen wir nur ein Vierteljahrhundert zurückzugehen, um auf die Anfänge der Entwicklung und des Baus von programmgesteuerten Rechenautomaten zu stoßen. 1936 begann *Konrad Zuse* mit der Herstellung von mechanischen Schaltelementen, aus denen er Speicher- und Rechenwerksmodelle fertigte. Über den Bau eines mechanischen Rechenautomaten Z1, die teilweise Herstellung eines Gerätes Z2 führte die Entwicklung zum ersten programmgesteuerten Rechenautomaten der Welt, dem Zuse-Rechner Z3. 1941 konnte das funktionsfähige Relaisgerät vorgeführt werden, das in der Lage war, 15 bis 20 einfache arithmetische Operationen in der Minute auszuführen und 64 22stellige Dualzahlen zu speichern. 1944 wurde die Z3 durch Kriegseinwirkungen zerstört. Anfang 1945 konnte ein noch leistungsfähigerer Rechenautomat auf Relaisbasis, Z4 genannt, fertiggestellt und 1950 an der ETH in Zürich in Betrieb genommen werden. Nach beinahe zehnjährigem Dienst steht die Z4 nunmehr im Deutschen Museum in München.
Von 1937 bis 1944 wurde in den USA, unter Leitung von *H. H. Aiken*, aus konventionellen Bauteilen der Lochkartentechnik ein Automat, MARK I genannt, geschaffen. Trotz enormer Größe und hoher Baukosten (4 000 000 Dollar) war die Operationsgeschwindigkeit nicht höher als bei der Z3. Eine einheitliche Programmsteuerung fehlte ebenso wie bei dem ersten elektronischen Rechner der Welt, der ENIAC. Diese große Anlage, unter Leitung von *Eckert* und *Mauchley* in Pennsylvanien gebaut, war rund tausendmal schneller als die Relaisrechner. Durch seine Inbetriebnahme im Jahre 1946 wurden viele Firmen der Büromaschinen- und der Nachrichtentechnik in Übersee veranlaßt, sich der Entwicklung und dem Bau von Rechenanlagen zuzuwenden.

Im Mathematischen Institut der Akademie der Wissenschaften der Ukrainischen SSR wurde von *S. A. Lebedew* und seinen Mitarbeitern die erste elektronische Rechenmaschine der Sowjetunion, die MESM, geschaffen und dort ab 1951 für numerische Berechnungen eingesetzt. Dieser kleinen Maschine folgte 1953 die BESM als ein großer und schneller Rechenautomat. Dem unter Leitung von *S. A. Lebedew* an der Akademie der Wissenschaften in Moskau gebauten Prototyp gesellten sich bald die Exemplare der Serienproduktion und viele andere Rechenautomatentypen zu.

Bei uns war es nach dem Krieg der Einzelinitiative weniger Wissenschaftler überlassen, die Entwicklung auf dem Gebiet programmgesteuerter Rechenautomaten wiederaufzunehmen. In den Jahren nach 1950 nahm sie ihren Ausgang von den Hochschulen Darmstadt, Dresden, Göttingen und München. Von 1956 ab leitete die Industrie die Projektierung und den serienmäßigen Bau solcher Anlagen ein.

1.3. Einteilung der Rechengeräte

Bild 1 zeigt an einem Beispiel eine Gegenüberstellung von analoger und diskreter Zahlendarstellung. Die analoge Darstellung läßt sich als ein Grenzfall der diskreten auffassen, bei der der Vorrat der Ordinatenwerte verfeinert und die Dichte der Abszissenschritte erhöht wurde (dabei strebt die Schrittweite gegen Null).

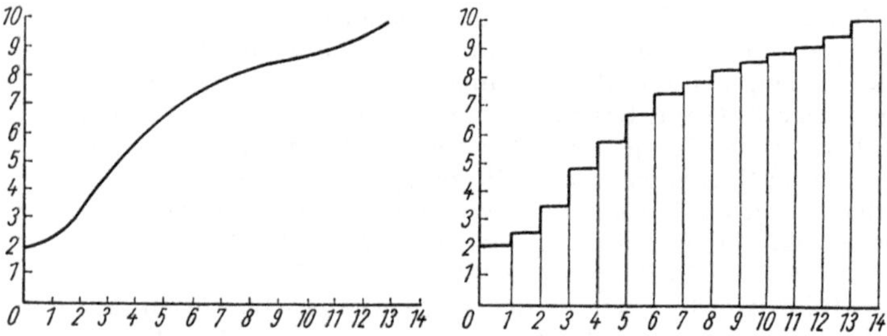

Bild 1. Gegenüberstellung von analoger und diskreter Zahlendarstellung

Die in Rechenmaschinen zur Verarbeitung gelangenden mathematischen Größen können entweder durch diskrete Zahlen oder durch Strecken, Winkel, Widerstände, Induktivitäten usw. dargestellt werden. Nach diesen beiden Arten der Darstellung mathematischer Größen haben wir auch zwei Arten von Rechengeräten zu unterscheiden. Verarbeiten sie Ziffern, d.h. diskrete Werte, so sprechen wir von einem Ziffern- oder Digitalrechner (Digitalcomputer), werden dagegen sich stetig ändernde Größen, die innerhalb gewisser Grenzen jeden Wert annehmen können (wie Strecken, Winkel usw.), benutzt, so sind die Bezeichnungen Analogrechner und Analogiegerät (Analogiecomputer) gebräuchlich. Im Bild 2 ist eine Einteilung der Rechengeräte angegeben. Außer den beiden genannten Gruppen ist noch eine dritte zu berücksichtigen, die in der letzten Zeit an Bedeutung gewinnt und in deren Geräten sowohl analoge als auch diskrete Zahlendarstellungen angewendet werden.

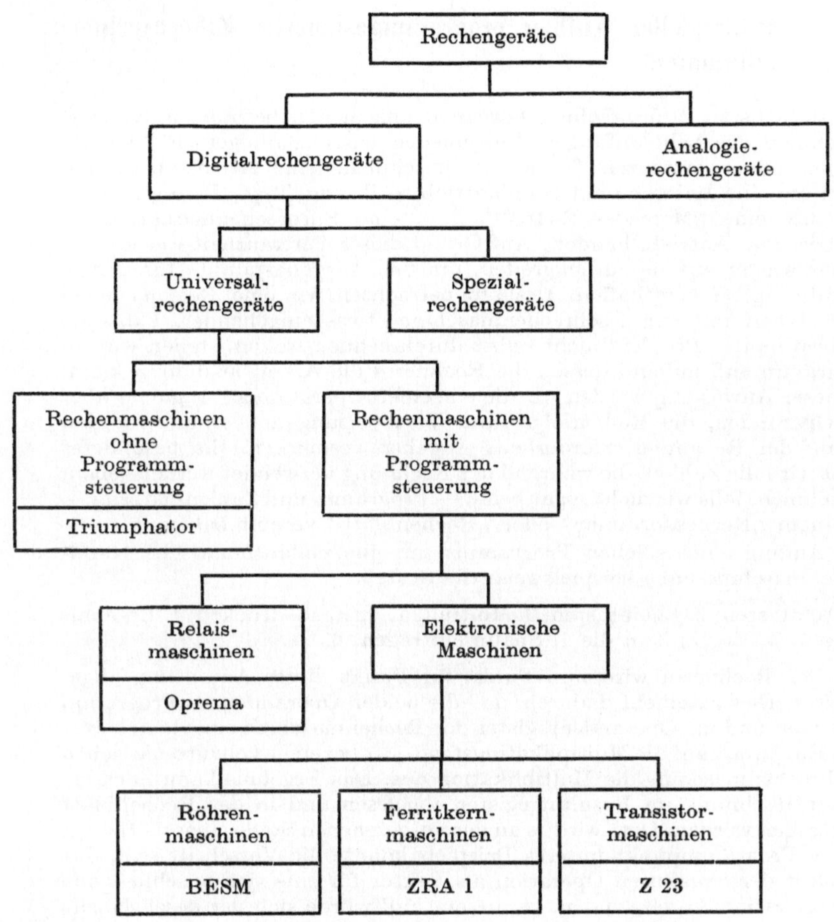

Bild 2. Einteilung der gebräuchlichen Rechengeräte. Bei den Universal-Rechengeräten wurde für jede Gruppe ein Rechenautomatentyp angegeben.

Wir beschränken uns von nun ab auf programmgesteuerte Universalrechner und verweisen bezüglich Analogiegeräten und ihrer Klassifizierung auf Band 6 der REIHE AUTOMATISIERUNGSTECHNIK.

Fragen und Aufgaben zu Abschn. 1.3.

1. Welche Art der Zahlendarstellung wird bei der Sinustabelle angewendet?

2. Wie erfolgt die Zeitangabe durch die Zeiger einer elektrischen Bahnhofsuhr?

3. Ist der logarithmische Rechenstab ein Digital- oder Analogiegerät?

2. Prinzipieller Aufbau programmgesteuerter Ziffernrechenautomaten

Die einfachsten Ziffernrechner begegnen uns in den bewährten Rechenmaschinen der Schulanfänger. Entschieden leistungsfähiger sind bereits die uns allen vertrauten Tischrechenmaschinen, ganz gleich, ob es sich dabei um eine Maschine mit Handantrieb, z. B. vom Typ „Triumphator", oder um eine „Mercedes R44SM", d. h. eine Bürorechenmaschine mit elektrischem Antrieb, handelt. Auf Grund dieser Vertrautheit werden wir immer wieder auf sie zurückgreifen, um uns Ausgangspunkte für unsere Einführung zu verschaffen. Deshalb betrachten wir eine Rechnerin bei ihrer Arbeit mit der Tischrechenmaschine etwas eingehender. Falls wir ein bestimmtes Problem nicht selbst durchrechnen wollen, stellen wir ein Programm auf, anhand dessen die Rechnerin die Arbeit ausführen kann. In dieser Anweisung werden wir die einzelnen Operationen, Angaben über die Operanden, die Reihenfolge ihrer Verarbeitung und andere für den Ablauf der Rechnung erforderliche Angaben vermerken. Ein besonderes Blatt wird die Zahlen, die während der Rechnung verwendet werden sollen, aufnehmen, falls wir nicht sogar beide — Programm und Zahlenmaterial — zu einem „Rechenformular" oder „Rechenblatt" vereint haben.

Der Anfang eines solchen Programms für eine vollautomatische Handrechenmaschine habe beispielsweise die Gestalt:

1. 30 eintasten, 2. 18 eintasten, 3. Multiplikationstaste drücken, 4. Ergebnis ablesen, 5. Ergebnis in die 1. Spalte eintragen, 6. ...

Von der Rechnerin wird nun Punkt für Punkt dieser Anweisung abgearbeitet. Dies geschieht dadurch, daß die beiden Operanden im Programm abgelesen und ins Operandenregister der Rechenmaschine eingetastet werden. Ein Druck auf die Multiplikationstaste löst bei einer vollautomatischen Tischrechenmaschine die Multiplikation aus. Das Ergebnis kann nach erfolgter Rechnung im Resultatregister abgelesen und in das Rechenblatt übertragen werden. Dort wird es an der vorgesehenen Stelle eingeschrieben. Der 6. Programmpunkt unseres Beispiels könnte die Vorschrift sein, das Resultat der erwähnten Operation als Faktor für eine sich anschließende Multiplikation zu verwenden. In diesem Fall würde sich der beschriebene Arbeitsablauf wiederholen.

Die Arbeitsvorgänge, die die Rechnerin im Zusammenwirken mit der Maschine zu verrichten hat, wollen wir nun zusammenstellen:

1. Übertragen von Zahlen vom Rechenblatt ins Operandenregister. Dieser Vorgang läßt sich noch aufgliedern in: Lesen — Übertragen — Eintasten der Zahlen;
2. Durchführung der Rechenoperationen;
3. Löschen der Register;
4. Übertragen von Zahlen vom Resultatregister oder Maschinenspeicher ins Rechenblatt.

Bei dem erst- und letztgenannten Vorgang wird die Rechnerin faktisch nicht alles buchstäblich zu Papier bringen bzw. dem Rechenformular entnehmen. Verschiedene Daten wird sie im Gedächtnis aufbewahren, andere

wiederum Tabellen entnehmen. Mit „Rechenblatt" wollen wir die Speicher-
möglichkeit für die Gesamtheit der Informationen (d. h. sowohl der
Rechenanweisungen als auch der Zahlen, ganz gleich, wo sie entnommen
wurden) bezeichnen.

Wenn wir uns die Aufgabe stellen, diese vier Prozesse von einem Automaten
nach einem vorgelegten Programm durchführen zu lassen, so haben wir
Rechnerin, Tischrechenmaschine und Rechenblatt (Bild 3a) durch ein
Gerät mit dem gleichen „Leistungsvermögen" zu ersetzen. Damit es dieses
besitzt, muß es bestehen aus (Bild 3b):

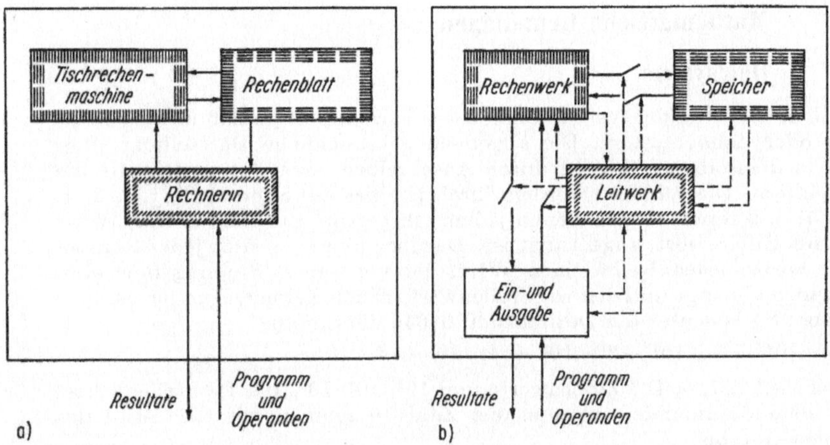

Bild 3. Gegenüberstellung von Rechnerin und Automat

1. einem Leitwerk, das den menschlichen Rechner ersetzt und den gesamten Arbeitsablauf auf der Grundlage eines Programms regelt;
2. einem Rechenwerk, das die Funktionen der Tischrechenmaschine übernimmt;
3. einem Speicher zur Aufbewahrung des Programms und der Zahlen;
4. einem Eingabewerk und einem Ausgabewerk; diese dienen dem Kontakt mit dem „Auftraggeber", d. h., sie nehmen Programme und Zahlen
   auf und drucken die Ergebnisse, falls erwünscht, aus.

Diese vier Baugruppen bilden die logische Grundkonzeption eines jeden
digitalen programmgesteuerten Rechenautomaten, obwohl die technischen
Einzelheiten der bisher gebauten Geräte sehr unterschiedlich sind. Das
letztere soll uns im Augenblick noch nicht weiter interessieren. Wir fragen
uns vielmehr, wie es sich erreichen läßt, daß die obenerwähnten Arbeitsvorgänge von einem Automaten mit den Bauteilen Leitwerk, Rechenwerk,
Speicher und Ein- und Ausgabe ausgeführt werden können.

Den Arbeitsvorgang „Übertragen und Speichern" leistet z. B. ein Magnet-
tongerät. Es ist in der Lage, Informationen (Musik, Sprache) aufzunehmen,
weiterzuleiten und aufzubewahren. Auf Wunsch kann sein Inhalt wieder
abgegeben, d. h. in die Form gebracht werden, in der er ursprünglich aufgenommen wurde. Wir wissen, daß diese Speicherung durch Nachbildung

der Informationen durch verschiedene Magnetisierungszustände geschieht. Es wird daher zweckmäßig sein, den Rechenautomaten so einzurichten, daß er auf der gleichen Basis wie das Tonbandgerät arbeitet. Hierbei kommt es aber darauf an, die Ziffern in solch einer Form auf das Band zu bringen, daß dieselben nach ihrer Wiedergabe auch vom Rechenwerk verarbeitet werden können. Bei der Lösung dieses Problems hat sich ein Zahlensystem, das man als Zweiersystem oder Dualsystem bezeichnet, als besonders zweckmäßig erwiesen.

3. Mathematische Grundlagen

3.1. Dualsystem

Bei dem Wort Zahlensystem denken wir gewohnheitsgemäß an das Dezimal- oder Zehnersystem. Die allgemein gebräuchliche Darstellung einer Zahl in demselben geschieht durch Anschreiben einer horizontalen Reihe von Ziffern. Diese Ziffern werden durch je eines der Symbole 0, 1, 2, 3, 4, 5, 6, 7, 8, 9 repräsentiert, denen jedem ein bestimmter ihm eigener Wert, der sog. Ziffernwert, zugeordnet ist. Darüber hinaus besitzt jedes Symbol einer horizontalen Reihe einen Wert, der von seiner Stellung innerhalb derselben abhängt und den wir Stellenwert (Einer, Zehner, Hunderter, ...) nennen. So bedeutet die Dezimalzahl 37046 die Summe

$$3 \cdot 10^4 + 7 \cdot 10^3 + 0 \cdot 10^2 + 4 \cdot 10^1 + 6 \cdot 10^0.$$

Dabei sind 3, 7, 0, 4, 6 Ziffernwerte und 10^4, 10^3, 10^2, 10^1, 10^0 Stellenwerte. Die allen Summanden gemeinsame Zahl 10 nennen wir die *Basis* des Dezimalsystems.

Allgemein verstehen wir unter $z_n\, z_{n-1} \ldots z_1 z_0,\ z_{-1}\, z_{-2} \ldots$ die Summe
$$z_n \cdot 10^n + z_{n-1} \cdot 10^{n-1} + \ldots + z_1 \cdot 10 + z_0 + z_{-1} \cdot 10^{-1} + z_{-2} \cdot 10^{-2}$$
$+ \ldots$, wobei die Ziffern z_i Werte zwischen 0 und 9 haben.

Bereits vor rund 270 Jahren hatte der Mathematiker und Philosoph *G. W. Leibnitz* den Gedanken, daß doch eigentlich auch andere Zahlen als 10 Basis eines Zahlensystems sein könnten. Er erkannte, daß für diesen Zweck jede natürliche Zahl, die größer als 1 ist, in Frage kommt. Von besonderem Interesse ist dabei das Zahlensystem mit der Basis 2. Wir nennen es das Zweier- oder Dualsystem (auch Binärsystem). Es besitzt nur zwei verschiedene Ziffern, die durch die Symbole 0 und 1 bezeichnet werden können. Sie werden Null und Eins ausgesprochen. Um Verwechslungen mit Dezimalziffern zu vermeiden, gebrauchen wir für die beiden Dualziffern die Zeichen O und L. Die Stellenwerte der Ziffern innerhalb einer Dualzahl sind durch die Potenzen von 2 bestimmt.

Eine Zusammenstellung von Stellenwerten gibt die folgende Tabelle an:

2^0	=	1	L		
2^1	=	2	LO	$2^{-1} = 0{,}5$	O,L
2^2	=	4	LOO	$2^{-2} = 0{,}25$	O,OL
2^3	=	8	LOOO	$2^{-3} = 0{,}125$	O,OOL
2^4	=	16	LOOOO	$2^{-4} = 0{,}0625$	O,OOOL
2^5	=	32	LOOOOO	$2^{-5} = 0{,}03125$	O,OOOOL
2^6	=	64	LOOOOOO	$2^{-6} = 0{,}015625$	O,OOOOOL

Schreiben wir eine Dualzahl als Reihe von Dualziffern, so ergeben sich
unter Berücksichtigung der angegebenen Stellenwerte für die Zahlen von
0 bis 15 folgende Darstellungen im Zweiersystem:

0	O	6	LLO	11	LOLL
1	L	7	LLL	12	LLOO
2	LO	8	LOOO	13	LLOL
3	LL	9	LOOL	14	LLLO
4	LOO	10	LOLO	15	LLLL
5	LOL				

Weitere Beispiele für Darstellungen von Zahlen im Dualsystem sind:

LOOLOOOOLOLLOLLO	entspricht 37046
LOOOLOO	entspricht 68
LOLOLL	entspricht 43
LLLOL	entspricht 29

Diese Angaben lassen sich leicht nachprüfen, wenn wir einen entscheidenden Vorteil des Dualsystems gegenüber dem Dezimalsystem berücksichtigen; dieser besteht in dem Umstand, daß jeder Stellenwert zum Gesamt-
betrag der dargestellten Zahl entweder seinen vollen Betrag oder gar
nichts beiträgt. Die Summe der durch die Ziffer L gekennzeichneten
Stellenwerte ergibt den Betrag der Zahl.

Weitere Vorteile ergeben sich bei den Grundrechenoperationen, denen wir
uns nun zuwenden.

Die Tatsache, daß sich das Zweiersystem vom Zehnersystem lediglich in
der Basis unterscheidet, erlaubt den Schluß, daß die vier Grundrechenoperationen mit Dualzahlen entsprechend denen mit Dezimalzahlen ver-
laufen werden.

Da alle Rechenoperationen auf Additionen zurückgeführt oder aus ihnen
zusammengesetzt werden können, so ist es notwendig und hinreichend,
nur die Grundgesetze der Addition von Dualziffern anzugeben. Diese
lauten:

$$O + O = O \qquad\qquad L + O = L$$
$$O + L = L \qquad\qquad L + L = O \text{ mit Übertrag } L$$

Dieser Übertrag wird zur links folgenden Stelle hinzugefügt.
Beispiele:

1.	1. Summand	LOOOLOO = 68
	2. Summand	LLOOL = 25
	Resultat	LOLLLOL = 93

2.	1. Summand	LOOOLOL = 69
	2. Summand	LLLOL = 29
	Spaltensumme	LOLLOOO
	Überträge	LOL
	Spaltensumme	LOLOOLO
	Überträge	L
	Spaltensumme	LOOOOLO
	Überträge	L
	Resultat	LLOOOLO = 98

3. Andererseits kann bei der Bildung der Spaltensumme der Übertrag aus der nächstniedrigeren Stelle auch gleichzeitig mit berücksichtigt werden:

1. Summand LOOOLOL = 69
2. Summand   LLLOL = 29
Überträge   LLLOL
____
Resultat   LLOOOLO = 98

Die Subtraktion zweier Dualzahlen kann entsprechend der von Dezimalzahlen durchgeführt werden. Es ist auch möglich, die Subtraktion durch die Bildung des sog. Zweierkomplements auf die Addition zurückzuführen. Dieses Komplement einer negativen Dualzahl wird gebildet, indem wir alle Ziffern O durch L und alle Ziffern L durch O ersetzen und zur niedrigsten Stelle L addieren. Hierbei muß aber noch beachtet werden, daß auch die vor der ersten Ziffer links zu setzenden Nullen, die normalerweise nicht geschrieben werden, durch Einsen zu ersetzen sind. Bezüglich der Anzahl der zu betrachtenden Stellen legen wir fest: Alle Zahlen seien $(n + 1)$-stellig, mit der Einschränkung, daß die $(n + 1)$-te Stelle bei positiven Zahlen und der Null gleich O sei, dagegen beim Komplement einer negativen Zahl gleich L. D. h., das Zweierkomplement von $— (a)$ ist gleich $2^{n+1} — (a)$

Beispiele: Für die folgenden Beispiele wählen wir $n = 7$, d. h., wir betrachten achtstellige Zahlen.

1. Minuend   OLOOOLOO =   68

   Subtrahend   OOOLLOOL =   25
   ____

Diese Subtraktion kann auf die folgende Addition zurückgeführt werden:

                     OLOOOLOO =   68
Komplement des   +   +
Subtrahenden   LLLOOLLL = (—25)
                 ____
Resultat   OOLOLOLL =   43

Die bei der Addition in der $(n + 2)$-ten Stelle auftretende L haben wir nicht geschrieben, da wir nur $n + 1$ Stellen betrachten.

2.   (—OLOOOLOO) = (—68)
                  +   +
                 OOOLLOOL =   25
                 ____

läßt sich zurückführen auf

   Komplement des
   1. Summanden   LOLLLLOO
                  +
   2. Summand   OOOLLOOL
   Resultat   LLOLOLOL

Wie wir an der achten Stelle erkennen, ist das Resultat das Komplement einer negativen Zahl, die —43 entspricht.

Tafel 1 vergleicht die bei der Zurückführung sich ergebenden Resultate (Spalte: Ist) mit den Resultaten, wie sie sein sollten (Spalte: Soll), und gibt die erforderlichen Korrekturen nebst ihren Realisierungen an. Das erste Beispiel entspricht Fall 2, das zweite Fall 5 der Tafel 1, wenn wir in derselben $n = 7$ und als Basis des verwendeten Zahlensystems $B = 2$ wählen.

Tafel 1. Zusammenstellung der Korrekturen, die bei Verwendung des B-Komplements zur Zurückführung von Subtraktionen auf Additionen erforderlich sind

Nr.	Fall	Ist: $a^* + b^*$	Soll	Korrektur	Realisierung der Korrektur
1	$a \geq 0, b \geq 0$	$a + b$	$a + b$	0	–
2	$a > 0, b < 0$ $a \geq |b|$	$B^{n+1} + (a - |b|)$	$a - |b|$	$-B^{n+1}$	Die über die $(n+1)$ – te Stelle
3	$a > 0, b < 0$ $a < |b|$	$B^{n+1} - (|b| - a)$	$B^{n+1} - (|b| - a)$	0	
4	$a < 0, b > 0$ $|a| \leq b$	$B^{n+1} + (b - |a|)$	$b - |a|$	$-B^{n+1}$	hinausgehenden Stellen werden
5	$a < 0, b > 0$ $|a| > b$	$B^{n+1} - (|a| - b)$	$B^{n+1} - (|a| - b)$	0	
6	$a \leq 0, b \leq 0$	$B^{n+1} + \underbrace{B^{n+1} - (|a| + |b|)}_{< B^{n+1}}$	$B^{n+1} - (|a| + |b|)$	$-B^{n+1}$	unterdrückt

Vielfach findet das sog. Einerkomplement Verwendung. Es unterscheidet sich vom oben behandelten dadurch, daß die Addition einer L zur niedrigsten Stelle unterbleibt[1]). So ist beispielsweise das Einerkomplement von —25 gleich LLLOOLLO.

Beispiele:

1. Minuend   OLOOOLOO =   68

  Subtrahend   OOOLLOOL =   25

Diese Aufgabe kann mit Hilfe des Einerkomplements auf die folgende Addition zurückgeführt werden:

$$
\begin{array}{lll}
\text{OLOOOLOO} & = & 68 \\
+ & & + \\
\text{LLLOOLLO} & = & (\text{—25}) \\
\hline
\text{LOOLOLOLO} & & \\
\end{array}
$$

Korrektur   L - - - - - → L

Resultat   OOLOLOLL =   43

Die in der neunten Stelle auftretende L wurde zur niedrigsten Stelle addiert (Fall 2 der Tafel 2).

D. h., das Einerkomplemant von $-(a)$ ist gleich $2^{n+1} - 1 - (a)$.

2.

$$(-\mathrm{OLOOOLOO}) = (-68)$$
$$+ \qquad\qquad +$$
$$\mathrm{OOOLLOOL} = 25$$

Ausführung:

$$\mathrm{LOLLLOLL} = (-68)$$
$$\mathrm{OOOLLOOL} = 25$$

Resultat $\qquad \mathrm{LLOLOLOO} = -43$ (Fall 5 der Tafel 2)

Tafel 2. Zusammenstellung der Korrekturen, die bei Verwendung des $(B-1)$-Komplements zur Zurückführung von Subtraktionen auf Additionen erforderlich sind

Nr.	Fall	Ist: a^*+b^*	Soll	Korrektur	Realisierung der Korrektur
1	$a>0, b>0$	$a+b$	$a+b$	0	—
2	$a>0, b\leq0$ $a>|b|$	$B^{n+1}+(a-|b|)-1$	$a-|b|$	$-(B^{n+1}-1)$	Die in die $(n+2)$-te Stelle
3	$a>0, b\leq0$ $a\leq b$	$B^{n+1}-(|b|-a)-1$	$B^{n+1}-(|b|-a)-1$	0	
4	$a\leq0, b>0$ $|a|<b$	$B^{n+1}+(b-|a|)-1$	$b-|a|$	$-(B^{n+1}-1)$	einlaufende „1" wird in die 1.Stelle
5	$a\leq0, b>0$ $|a|\geq b$	$B^{n+1}-(a-b)-1$	$B^{n+1}-(|a|-b)-1$	0	
6	$a\leq0, b\leq0$	$B^{n+1}+B^{n+1}-(|a|+|b|)-1-1$	$B^{n+1}-(|a|-|b|)-1$	$-(B^{n+1}-1)$	überführt und dort addiert

Für die Multiplikation von Dualzahlen gilt:

$$\mathrm{O \cdot O = O} \qquad \mathrm{L \cdot O = O}$$
$$\mathrm{O \cdot L = O} \qquad \mathrm{L \cdot L = L}$$

Dies ist das denkbar einfachste „Einmaleins". Deshalb gestaltet sich auch die Multiplikation von Dualzahlen sehr einfach. Sie besteht im wesentlichen aus zwei Schritten, die mehrmals wiederholt werden, nämlich einerseits aus einer Verschiebung des Multiplikanden um eine Stelle nach rechts und andererseits aus einer Addition. Zur Erläuterung geben wir zwei Beispiele an:

Beispiele:

1. $\mathrm{LLLLL \cdot LOOOOOL} = ?$ Entspricht $31 \cdot 65 = ?$

Ausführung:

$$\mathrm{LLLLL \cdot LOOOOOL}$$
$$\mathrm{LLLLLOOOOO}$$
$$\phantom{\mathrm{LLLLL}}\mathrm{LLLLL}$$
$$\mathrm{LLLLLOLLLLL} = 2015$$

2. LLLOL · LOOLOL = ?   Entspricht 29 · 37 = ?

Ausführung:

$$\begin{array}{l} \text{LLLOL} \cdot \text{LOOLOL} \\ \hline \quad\quad \text{LLLOLOO} \\ \quad\quad\quad\quad \text{LLLOL} \\ \hline \quad \text{LOOOOOLOLO} \\ \quad\quad\quad\quad \text{LLLOL} \\ \hline \quad \text{LOOOOLLOOOL} = 1073 \end{array}$$

Nach jeder Verschiebung ist der Multiplikand — in Abhängigkeit von der abzuarbeitenden Multiplikatorstelle — entweder mit seinem ganzen Betrag oder überhaupt nicht zum Zwischenergebnis hinzuzufügen. Die im Zehnersystem erforderliche Multiplikation mit der entsprechenden Ziffer des Multiplikators reduziert sich hier auf eine Multiplikation mit O oder L. Damit ist die Multiplikation auf eine Kette von Additionen und Verschiebungen zurückgeführt.

Auch die Division im Dualsystem stellt — wie die Multiplikation — einen zyklischen Vorgang dar, der aus Additionen von Komplementen und Verschiebungen besteht. Der Benutzer eines Rechengerätes wünscht mit Recht, die zu verarbeitenden mathematischen Größen als Dezimalzahlen in die Maschine einzugeben und die Resultate in der gleichen Form von ihr zu erhalten. Damit wird von den Rechenautomaten die Umwandlung von Dezimal- in Dualzahlen und von Dual- in Dezimalzahlen verlangt.

Die Umrechnung von Zahlen von einem System in ein anderes nennen wir *Konvertierung*.

Angenommen, 2763 sei in eine Dualzahl umzuwandeln.

Zu diesem Zweck ersetzen wir in der Darstellung

$$2763 = [(2 \cdot 10 + 7) \cdot 10 + 6] \cdot 10 + 3$$

die Ziffern 2, 7, 6, 3 und die 10 durch die gleichwertigen Dualzahlen LO, LLL, LLO, LL, LOLO und erhalten

$$[(\text{LO} \cdot \text{LOLO} + \text{LLL}) \cdot \text{LOLO} + \text{LLO}] \cdot \text{LOLO} + \text{LL}.$$

Der Vollzug der erforderlichen Rechenoperationen führt zur gesuchten Dualzahl LOLOLLOOLOLL.

Dieses Beispiel läßt erkennen, daß die Dezimal/Dual-Konvertierung mit Hilfe der Grundrechenoperationen ausführbar ist und daher auch von den Automaten geleistet werden kann. Der Benutzer braucht dabei nur die Dezimalziffern als Dualzahlen einzugeben, was sich leicht realisieren läßt. Wir kommen im Abschn. 4.4.2. darauf zurück. Eine dezimale Darstellung der Resultate einer Rechnung macht die *Rückkonvertierung* vom Dual- ins Dezimalsystem erforderlich, die nun an einem Beispiel erläutert werden soll.

Für das folgende Verfahren setzen wir z. B. die Dualzahlen als positiv und kleiner als L voraus. Wir fassen speziell O,LLL ins Auge.

Die Multiplikation mit LOLO = 10 liefert als ganzen Teil des Resultates eine Dualzahl, die kleiner oder höchstens gleich LOOL = 9 ist. Dieser Anteil wird abgespalten und die Multiplikation mit LOLO wiederholt. Es gilt das bereits Gesagte, der ganze Teil des Produktes wird wieder abgespalten. Das Verfahren kann beliebig lange fortgesetzt werden.

Die den abgespaltenen Dualzahlen zugeordneten Dezimalziffern liefern die Ziffernwerte der gesuchten Dezimalzahl.

	$0,LLL \cdot LOLO$	
Resultat der Multiplikation	$LOOO,LLO$	
Abspalten des ganzen Anteils	$LOOO$	$LOOO = 8$
	$0,LLO \cdot LOLO$	
Resultat der Multiplikation	LLL,LOO	
Abspalten des ganzen Anteils	LLL	$OLLL = 7$
	$0,LOO \cdot LOLO$	
Resultat der Multiplikation	LOL,OOO	
Abspalten des ganzen Anteils	LOL	$OLOL = 5$
	$0,OOO$	
	$\cdots$	
	$\cdots$	

Die abgetrennten Anteile wurden alle als vierstellige Dualzahlen geschrieben und gestatten damit folgende Darstellung der rückkonvertierten Dezimalzahl:

$$OOOO, LOOO\ OLLL\ OLOL\ OOOO = 0,8750.$$

Die Umsetzung der vierstelligen Dualzahlen, auch *Tetraden* genannt, in Dezimalziffern erfolgt maschinell. Bei der Besprechung der Ausgabegeräte kommen wir darauf zurück.

Bei der Lösung der Aufgabe, 1000 Dezimalzahlen zu addieren, wird die für die Additionen benötigte Zeit gering sein gegenüber der für die Konvertierung erforderlichen. Dieser Sachverhalt liegt z. B. bei vielen kaufmännischen Problemen vor, wo mit viel Zahlen relativ wenig mathematische Operationen auszuführen sind. Deshalb wird den Rechenautomaten, die in erster Linie für derartige Probleme eingesetzt werden sollen, das Dezimalsystem zugrunde gelegt. Dies geschieht unter Verwendung der sog. Ziffernverschlüsselung, die im Abschn. 3.2. beschrieben wird. Die vorangehenden Darlegungen sind keineswegs nur auf das Dualsystem beschränkt, sondern gelten für jedes Zahlensystem mit der Basis $B > 1$. Im Bild 4 sind die gebräuchlichsten Zahlensysteme zusammengestellt. In allen Systemen, gleichgültig ob $B = 2, 3, 8, 10$ oder 16 ist, lassen sich die vier Grundrechenoperationen in der gleichen Weise auf Additionen zurückführen.

Wir greifen das Oktalsystem heraus. Die acht Ziffern des Systems bezeichnen wir mit $0, 1, 2, \ldots, 7$; die Stellenwerte sind Potenzen von 8:

$$8^0 = 1$$
$$8^1 = 8 \qquad\qquad 8^{-1} = 0,125$$
$$8^2 = 64 \qquad\qquad 8^{-2} = 0,015625$$
$$8^3 = 512 \qquad\qquad \cdots$$
$$\cdots$$

Die Dezimalzahl 126,25 hat die Oktaldarstellung $176,2_8$[1]).Das Achterkomplement von -00354_8 ist 77424_8 und das Siebenerkomplement 77423_8.

---

[1]) Der Index bezeichnet das Zahlensystem.

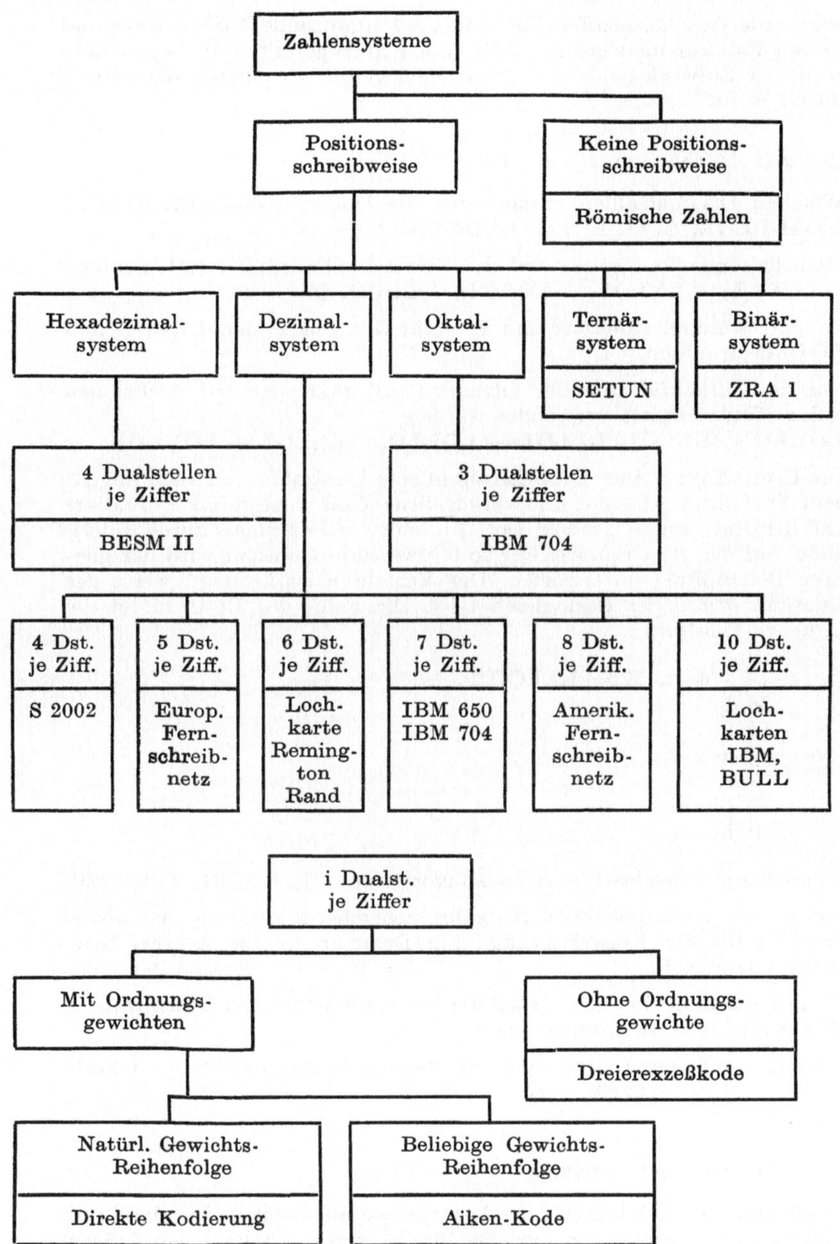

Bild 4. Einteilung der gebräuchlichen Zahlensysteme und Verschlüsselungen

Dabei wurde jede Oktalziffer durch die zu 7 ergänzende Ziffer ersetzt und im ersten Fall zur niedrigsten Stelle eine 1 hinzugefügt. Für die Zurückführung der Subtraktionen auf Additionen gelten die beiden Korrekturtafeln ($B = 8$).

Fragen und Aufgaben zu Abschn. 3.1.

1. Welchen Dezimalzahlen entsprechen die Dualzahlen LOLLOOLOL, LLOLLLOL, LOOLLOLO, LLOLLLOL?

2. Gesucht sind die Zweier- und die Einerkomplemente der Dualzahlen —LOLLL, —LLLOL, —LOLOL, —LOOO, O.

3. Es sind Summe, Differenz und Produkt der Dualzahlen LLLOL und LOLLO zu bilden.

4. Für die Zurückführung der folgenden Subtraktionen auf Additionen sollen Komplemente verwendet werden:
   LOLLO — LLLOL, LLLOL — LOLLO, —LLLOL — LOLLO.

5. Die Umrechnung einer Dezimalzahl in eine Dualzahl kann nach folgendem Verfahren erfolgen: Die vorgegebene Zahl wird durch 2 dividiert und der Rest angeschrieben. Der Quotient wird abermals durch 2 dividiert und der Rest notiert. Der so entstehende Quotient wird der gleichen Behandlung unterworfen. Das Verfahren ist beendet, wenn der Quotient 0 und der Rest gleich 1 ist. Die Folge der Reste bildet die gesuchte Dualzahl:

57		d. h. 57 = LLLOOL
28	1
14	0
7	0
3	1
1	1
0	1

   Nach dieser Vorschrift sind zu konvertieren: 37, 148, 64, 459, 1280.

6. Das in der vorhergehenden Aufgabe angegebene Verfahren ist abzuwandeln für die Konvertierung vom Dezimal- in das Achter- bzw. Sechzehnersystem.

7. 37, 148, 64, 459, 1280 sind als Zahlen der Systeme mit den Basen $B = 2$, $B = 8$ und $B = 16$ darzustellen.

8. Gesucht sind die Achter- und die Siebenerkomplemente der Oktalzahlen $—31_8$, $—225220_8$, $—4_8$.

3.2. Ziffernverschlüsselung

Wir bedienen uns im folgenden des Dezimalsystems, stellen aber die Dezimalziffern durch Dualzahlen dar. Da für die zehn verschiedenen Ziffern des Systems auch zehn verschiedene Dualzahlen benötigt werden, so müssen diese vierstellig sein. Im einfachsten Fall der *direkten Verschlüsse-*

lung nehmen wir folgende Zuordnung vor, wodurch jeder Dezimalziffer genau eine Tetrade zugewiesen wird:

0	OOOO		4	OLOO		7	OLLL
1	OOOL		5	OLOL		8	LOOO
2	OOLO		6	OLLO		9	LOOL
3	OOLL						

Die Zahlen 25, 43, 687 und 37046 können somit wie folgt dargestellt werden:

OOLO OLOL, OLOO OOLL, OLLO LOOO OLLL, OOLL OLLL OOOO OLOO OLLO.

Diese Dezimalzahlen mit rein dual verschlüsselten (kodierten) Ziffern dürfen nicht mit Dualzahlen verwechselt werden.

Die Ausführung der Addition 3 + 8 liefert die Tetrade LOLL, der auf Grund unserer Zuordnung keine Dizimalziffer entspricht. Dasselbe gilt für LOLO, LLOO, LLOL, LLLO und LLLL. Diese sechs Tetraden nennen wir *Pseudotetraden* der direkten Verschlüsselung.

Wie geht die Addition zweier verschlüsselter Zahlen vor sich? Die Beantwortung der Frage geschieht anhand von drei Beispielen:

1.

	1. Summand	OOLO OLOL	=	25
		+		+
	2. Summand	OLOO OOLL	=	43
	Resultat	OLLO LOOO	=	68

Die einzelnen Stellen der Tetraden wurden wie Dualzahlen, d. h. unter Beachtung eventueller Überträge, addiert. Pseudotetraden traten nicht auf.

2.

```
   1. Summand    OLOO  LOOL  OOOL  OLLL  OOLL  OLLL =
                                                 491737
              +                                  +
   2. Summand          LOOL  OOOO  LOOL  OOLL  OLOL =
                                                  90935
   ───────────────────────────────────────────────────
Tetraden-
summen        OLOO LOOLO  OOOL LOOOO  OLLO  LLOO

1. Korrektur                                 OLLO
   ───────────────────────────────────────────────────
              OLOO LOOLO  OOOL LOOOO  OLLO LOOLO
                                           OOOL←
              OLOO LOOLO  OOOL LOOOO  OLLL  OOLO

2. Korrektur       OLLO              OLLO
   ───────────────────────────────────────────────────
              OLOO LLOOO  OOOL LOLLO  OLLL  OOLO
              OOOL←       OOOL←
   ───────────────────────────────────────────────────
Resultat      OLOL  LOOO  OOLO  OLLO  OLLL  OOLO =
                                                 582672
```

Wie dieses Beispiel zeigt, sind in zwei Fällen Korrekturen erforderlich, und zwar beim Auftreten einer Pseudotetrade oder einer L in der Stelle vor der eigentlichen Tetrade. In beiden Fällen addieren wir als Korrektur OLLO und fügen die überfällige L als OOOL zur links folgenden Tetrade hinzu.

3. 1. Summand	OLOL	OLLO	OLLL	LOOO	LOOL =	56789
	+					+
2. Summand	OLOL	LOOL	OLLL	OOLO	LOOL =	59729
Tetradensum.	LOLO	LLLL	LLLO	LOLO	LOOLO	
Korrektur	OLLO	OLLO	OLLO	OLLO	OLLO	
	LOOOO	LOLOL	LOLOO	LOOOO	LLOOO	
	OOOL	OOOL	OOOL	OOOL	OOOL	
Result.OOOL	OOOL	OLLO	OLOL	OOOL	LOOO =	116518

Neben der direkten Verschlüsselung wird der *Dreiexzeßkode* zur Darstellung ven Dezimalzahlen verwendet. Den Ziffern 0, 1, ..., 9 werden folgende Tetraden zugeordnet:

0	OOLL	4	OLLL	7	LOLO		
1	OLOO	5	LOOO	8	LOLL		
2	OLOL	6	LOOL	9	LLOO		
3	OLLO						

Die zugeordnete Dualzahl ist um 3 größer als die Dezimalziffer, hat also den Überschuß 3, was auch der Name Dreiexzeß zum Ausdruck bringt. Die sechs zugehörigen Pseudotetraden können Bild 5 entnommen werden. Den dezimalen Zahlen 25, 43, 687 und 37046 entsprechen

OLOL LOOO, OLLL OLLO, LOOL LOLL LOLO und OLLO LOLO OOLL OLLL LOOL.

Die Korrekturvorschriften für die Addition erläutern wir an Beispielen:

1. 1. Summand	OLOL LOOO	=	25
	+		+
2. Summand	OLLL OLLO	=	43
Tetradensum.	LLOO LLLO		
Korrektur	LLOL LLOL		
	LOOL LOLL	=	68

Bei der Bildung der Tetradensumme traten keine Überläufe in die Stellen vor den Tetraden auf. Zur Korrektur wurde zu beiden Tetraden LLOL addiert (was einer Subtraktion von OOLL entspricht) und die Überläufe in die fünften Stellen vernachlässigt.

20

Bezeichnung	Direkte Kodierung (Nr.)	Direkte Kodierung	Dreierexzeß (Nr.)	Dreierexzeß-Kode	Aiken (Nr.)	Aiken Kode	„Zwei-aus-fünf"-Kode $\binom{5}{2}$ (Nr.)	„Zwei-aus-fünf"-Kode	Biquinär-Kode	„Eins-aus-zehn"-Kode
Stellen je Ziffer		4		4		4		5	7	10
Gewichte d. Stellen		8 4 2 1				2 4 2 1		7 4 2 1 0	4 3 2 1 0 0 5	9 8 7 6 5 4 3 2 1 0
0	0	O O O O	tetraden	O O O O	0	O O O O	0*	L L O O O	O O O O L L O	O O O O O O O O O L
1	1	O O O L	tetraden	O O O L	1	O O O L	1	O O O L L	O O O L O L O	O O O O O O O O L O
2	2	O O L O	tetraden	O O L O	2	O O L O	2	O O L O L	O O L O O L O	O O O O O O O L O O
3	3	O O L L	0	O O L L	3	O O L L	3	O O L L O	O L O O O L O	O O O O O O L O O O
4	4	O L O O	1	O L O O	4	O L O O	4	O L O O L	L O O O O L O	O O O O O L O O O O
5	5	O L O L	2	O L O L	Pseudotetraden	O L O L	5	O L O L O	O O O O L O L	O O O O L O O O O O
6	6	O L L O	3	O L L O		O L L O	6	O L L O O	O O O L O O L	O O O L O O O O O O
7	7	O L L L	4	O L L L		O L L L	7	L O O O L	O O L O O O L	O O L O O O O O O O
8	8	L O O O	5	L O O O		L O O O	8	L O O L O	O L O O O O L	O L O O O O O O O O
9	9	L O O L	6	L O O L		L O O L	9	L O L O O	L O O O O O L	L O O O O O O O O O
10	Pseudotetraden	L O L O	7	L O L O		L O L O				
11		L O L L	8	L O L L	5	L O L L				
12		L L O O	9	L L O O	6	L L O O				
13		L L O L	Pseudo-	L L O L	7	L L O L				
14		L L L O		L L L O	8	L L L O				
15		L L L L		L L L L	9	L L L L				

	Direkte Kodierung	Dreierexzeß-Kode	Aiken Kode	„Zwei-aus-fünf"-Kode	Biquinär-Kode	„Eins-aus-zehn"-Kode
Kode ist günstig für	Rechnen, Speichern / Konvertierung	Rechnen, Speichern	Rechnen, Speichern	Speichern, Kontrolle	Rechnen, Kontrolle	Rechnen, Kontrolle
ungünstig für	Kontrolle	Kontrolle	Kontrolle	Rechnen	Speichern	Speichern
Bemerkungen	Kode wird zur Eingabe v. Dez.-Zahlen, die konvert. werden sollen, verwendet	Leichte Komplementbildung. Übertrag tritt bei der 10 auf	Leichte Komplementbildung. Übertrag tritt bei der 10 auf	*Die dez. O hat abweichende Stellenwerte	Aufbau eines Lampenfeldes leicht möglich	Kode wird in der Lochkartentechnik benutzt, z. B. beim IBM-System

Bild 5. Zusammenstellung von Verschlüsselungen und ihren Eigenschaften

2. 1. Summand	OLLL	LLOO	OLOO	LOLO	OLLO	LOLO =	491737
		+				+	
2. Summand	OOLL	LLOO	OOLL	LLOO	OLLO	LOOO =	090935
Tetradensum.	LOLO	LLOOO	OLLL	LOLLO	LLOO	LOOLO	
Überträge	OOOL		OOOL		OOOL		
1. Korrektur	LOLL	LOOO OOLL	LOOO	OLLO OOLL	LLOL	OOLO OOLL	
	LOLL	LOLL	LOOO	LOOL	LLOL	OLOL	
2. Korrektur	LLOL		LLOL		LLOL		
Resultat	LOOO	LOLL	OLOL	LOOL	LOLO	OLOL =	582672

Die bei der Summenbildung auftretenden Überläufe sind als Überträge
in den links folgenden Dezimalstellen zu addieren. Zu den Tetraden, bei
denen ein Überlauf auftrat, addieren wir OOLL, zu den anderen LLOL
und vernachlässigen die dabei in die fünften Stellen überlaufenden Einsen.
Korrekturvorschrift: „Zu den Tetraden, vor denen eine L auftritt, ist
OOLL zu addieren, zu den anderen LLOL hinzuzufügen und der Überlauf
zu vernachlässigen, was einer Subtraktion von OOLL entspricht." Die L
in der Stelle vor der Tetrade kann nun unmittelbar zur Steuerung der
Korrektur benutzt werden, was sehr vorteilhaft für die Rechnung ist.
Eine aufwendige Untersuchung auf Pseudotetraden, wie sie bei der direkten
Verschlüsselung erforderlich ist, erübrigt sich hierbei.

Auf einen weiteren Vorteil dieses von *Stibitz* angeführten Kodes sei noch
hingewiesen. Das Neunerkomplement einer Ziffer entsteht, indem die
Einsen der Tetrade durch Nullen und umgekehrt die Nullen durch Einsen
ersetzt werden. So ist z. B. die Neunerergänzung von OLOL = 2 gleich
LOLO = 7.

Dieser Umstand erleichtert die Zurückführung der Subtraktionen auf
Additionen wesentlich.

In der Tabelle (Bild 5) ist noch ein weiterer vierstelliger Kode — von
H. H. Aiken — angegeben, dessen Eigenschaften leicht abgelesen werden
können.

Beim Zwei-aus-fünf-, Biquinär- und Eins-aus-zehn-Kode werden je Dezimalziffer mehr als vier Dualstellen benötigt, was sich bei den letzten
beiden ungünstig auf den Platzbedarf bei der Aufbewahrung (vor allem
bei der Speicherung im Automaten) auswirkt. Als Vorteile sind die guten
Kontrollmöglichkeiten anzuführen, die diese sog. Binäräquivalente bieten.
Ihre Quersumme muß beim Zwei-aus-fünf- und beim Biquinärkode gerad-
zahlig sein, wenn kein Fehler beim Transport aufgetreten ist, was eine
automatische Kontrolle gestattet. Dabei wird angenommen, daß zwei
Fehler mit sehr wenig Wahrscheinlichkeit gleichzeitig auftreten. Wenn
nicht nur die zehn Ziffern des Dezimalsystems, sondern auch die Buchstaben des Alphabets und Sonderzeichen durch Dualzahlen verschlüsselt

werden sollen, so müssen diese mindestens fünfstellig sein (s. Bild 32). In der Regel verwendet man für die Darstellung dieser sog. *alphanumerischen Zeichen* einen fünf-, sechs- oder achtstelligen Kode. Abschließend weisen wir auf die Klassifizierung der sog. *Binäräquivalente* zur Verschlüsselung der Ziffern eines Zahlensystems (Bild 4) hin.

Fragen und Aufgaben zu Abschn. 3.2.

1. 37, 148, 64, 459 und 1280 sind direkt zu verschlüsseln, d. h. im Kode mit den Stellenwerten (Gewichten) 8 4 2 1 darzustellen.
2. Es sind Summe und Differenz der direkt verschlüsselten Dezimalzahlen OOOL OLOO LOOO und OLOO OLOL LOOL zu bilden.
3. Die Aufgaben 1 und 2 sind unter Verwendung der Dreiexzeßverschlüsselung auszuführen.
4. Es sind die Dezimalziffern 0, 1, ..., 9 zu kodieren mittels folgender Verschlüsselungen mit den Gewichten

$$\begin{aligned} \text{a)} \quad & 8 \quad 4 \;-2 \;-1, \\ \text{b)} \quad & 4 \quad 4 \quad 1 \;-2. \end{aligned}$$

Entsprechen sich Ziffern und Tetraden eindeutig?
5. Wie lautet die direkte Verschlüsselung beim Achter- und beim Sechzehnersystem?
6. Die Dezimalzahl 315 ist in den Systemen mit den Basen 2, 8 und 16 darzustellen. Die direkten Verschlüsselungen sind zu vergleichen.

3.3. Fest- und Gleitkommarechnung

Für ein festes n wird durch die Summe

$$z_n \cdot 2^n + z_{n-1} \cdot 2^{n-1} + \ldots + z_1 \cdot 2^1 + z_0,$$

wobei $z_i = $ O oder L eine positive ganze Zahl z darstellt. Diese Zahl genügt der Bedingung

$$0 \leq z < 2^{n+1}.$$

Umgekehrt besitzt jede ganze Zahl aus dem Intervall 0, 1, 2, ..., $2^{n+1} - 1$ eine eindeutige Summendarstellung der angegebenen Gestalt.

Jede Stelle der Zahl z muß im Rechenautomaten in irgendeiner Form durch eine physikalische Vorrichtung realisiert werden (Abschn. 4.1.1.). Da der Automat nur endlich viele solcher Vorrichtungen enthält, kann er folglich auch nur Zahlen endlicher Länge verarbeiten. Wir legen fest, daß dieselben alle gleich lang seien, d. h. gleich viel Stellen haben sollen. Die Anzahl derselben wird einerseits durch die Forderungen bestimmt, die an die Genauigkeit der zu lösenden Aufgaben gestellt werden müssen, und andererseits durch konstruktive Überlegungen. Prinzipiell kann ein Rechenautomat jeden gewünschten Genauigkeitsgrad auf Kosten einer entsprechenden Erhöhung der Anzahl der Stellen der Zahlen ermöglichen. Eine übermäßige Erhöhung führt zu einer wesentlichen Vergrößerung des Geräteumfangs.

Der Zahlenbereich, der im Digitalrechner bei gegebener konstanter Anzahl der Stellen dargestellt werden kann, hängt von der gewählten Form der Zahlendarstellung ab. Es werden angewendet die Zahlendarstellung (s. auch Bild 6)

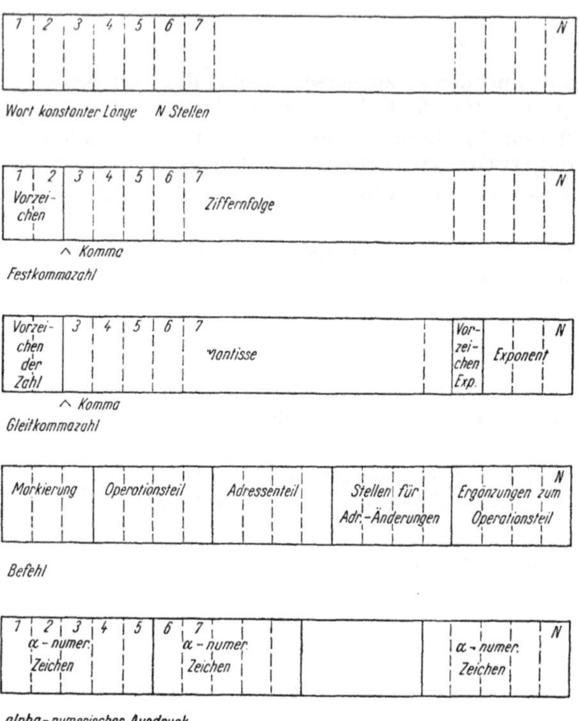

Bild 6. Deutungen eines Maschinenwortes konstanter Länge

a) mit fester Lage des Kommas, kurz *Festkommadarstellung* genannt, und

b) mit beweglicher Lage des Kommas, kurz als *Gleitkommadarstellung* bezeichnet.

Bei der Festkommadarstellung wird das sog. *Maschinenkomma*, das den ganzen Teil der Zahl von ihrem Bruchteil trennt, vom Konstrukteur zwischen zwei Stellen gelegt und bleibt bei allen Rechnungen unverändert. Gewöhnlich liegt es vor der höchsten Stelle, so daß nur Zahlen, die dem Betrag nach kleiner als 1 sind, dargestellt werden können. Für das Vorzeichen ist eine spezielle Stelle vorgesehen, die oft links vom Komma liegt. Dem „+" ordnet man in der Regel die O und dem „—" die L zu. Eine weitere Stelle dient zur Kennzeichnung ausgezeichneter Zahlen (z. B. der jeweils letzten Zahl eines Zahlenblocks). Liegt das Komma vor der höchsten Stelle, so werden die Zahlen z des Bereiches $-1 < z < 1$ erfaßt, d. h., alle bei Berechnungen auftretenden Zahlen müssen echte Brüche sein. Letzteres erreicht man durch die Wahl von entsprechenden Maßstäben. Sind beispielsweise die natürlichen Zahlen von 1 bis 100 zu addieren, so müssen dieselben alle mit dem Maßstabsfaktor 0,0001 multipliziert werden, damit sie und ihre Summe in der Maschine darstellbar sind.

Das Resultat erscheint als 0,505 und muß nun mit $\dfrac{1}{0,0001} = 10000$

multipliziert werden, damit die gesuchte Summe 5050 gewonnen wird. Bei komplizierten Berechnungen ist es oft sehr schwer, die Größenordnung der Ergebnisse und aller Zwischenresultate genau vorauszubestimmen. Deshalb müssen die Maßstäbe so gewählt werden, daß noch ein gewisser „Vorrat" vorhanden ist, was zur Senkung der Rechengenauigkeit führt. Eine weitere Möglichkeit besteht darin, im Programm eine automatische Änderung der Maßstäbe vorzusehen. Dies erschwert aber die Programmaufstellung.

Bei der Gleitkommadarstellung wird die Lage des Kommas für jede Zahl angegeben. Dies geschieht durch eine Darstellung in der Form

$$z = m \cdot 2^e , \tag{a}$$

wobei m *Zifferteil* oder *Mantisse* und e *Exponent* der Zahl z genannt werden. Für (a) schreiben wir abkürzend $z = m/e$. Der echte Bruch m kann ebenso wie die ganze Zahl e positiv oder negativ sein. Wenn die erste Ziffer von m ungleich Null ist, so wird diese Zahlendarstellung als *normalisiert* bezeichnet. So gehört zu O,OOOLLOL/O die normalisierte Darstellung O,LLOL/—LL.

Als Ergebnis einer arithmetischen Operation kann eine nichtnormalisierte Zahl gewonnen werden. Der Automat führt in diesem Fall eine Normalisierung der Zahl durch, d. h., er versetzt m um so viele Stellen nach links, bis die erste ungleich O ist — angenommen, es mußte um d Stellen versetzt werden —, und verringert dann den Exponenten e um d.

Bei der Multiplikation von Zahlen werden die Exponenten addiert und die Mantissen multipliziert. Danach wird das erhaltene Produkt normalisiert. In gleicher Weise wird bei der Division der Exponent des Divisors vom Exponenten des Dividenden subtrahiert, die Mantisse des Dividenden durch die des Divisors dividiert und der Quotient normalisiert. Bei der Addition und der Subtraktion müssen vorerst die Exponenten der beiden Operanden gleich groß gemacht werden. Der Exponent der größeren Zahl wird um den der kleineren vermindert und die Mantisse der letzteren um so viele Stellen nach rechts versetzt, wie die Differenz angibt. Die Mantissen werden dann addiert bzw. subtrahiert. Der Exponent des Resultates ist gleich dem des größeren der beiden Operanden. Alle diese Vorgänge werden selbständig im Rechenwerk des Automaten ausgeführt.

Beispiele: Es sei $a = $ O,LL/LOO $= 12$ und $b = $ O,LL/LO $= 3$. Gesucht sind $a \cdot b$, $a : b$, $a + b$ und $a - b$.

1. $a \cdot b \quad = $ O,LL/LOO $\cdot$ O,LL/LO $\qquad = $ O,LOOL/LLO $\qquad = 36.$
2. $a : b \quad = $ O,LL/LOO $:$ O,LL/LO $\qquad = $ L,O/LO $= $ O,L/LL $= \ 4.$
3. $a + b \quad = $ O,LL/LOO $+$ O,LL/LO
$\qquad\quad = $ O,LL/LOO $+$ O,OOLL/LOO $= $ O,LLLL/LOO $\qquad = 15.$

4. $a - b = $ O,LL/LOO $-$ O,LL/LO
$= $ O,LL/LOO $-$ O,OOLL/LOO $= $ O,LOOL/LOO $= 9.$

Die Größe des Zahlenbereiches, den der Rechenautomat bearbeiten kann, wird durch die für den Exponenten vorgesehenen Stellen bestimmt und die Genauigkeit einer Rechnung durch die Anzahl der Mantissenstellen. Es ist tatsächlich so, daß bei gleicher Stellenanzahl der Mantissen die Genauigkeit bei der Gleitkommarechnung größer als bei der Festkommarechnung ist. Auf diese Weise bietet die erstere gegenüber der zweiten einen größeren Arbeitsbereich der Zahlen, eine höhere Genauigkeit und vereinfacht die Programmierung.

Das Gesagte gilt wiederum nicht bloß für das Dualsystem, sondern für jedes Zahlensystem. Bezeichnen wir die Basis desselben mit B, so hat die Gleitkommadarstellung einer Zahl z die Form

$$z = m \cdot B^e ,$$

wobei der Exponent e eine ganze Zahl und m ein echter Bruch ist. Ist speziell $B = 10$, so gilt $12 = 0,12 \cdot 10^2$ und $3 = 0,3 \cdot 10^1 = 0,3/+1$. Bei Verwendung einer Zahlenverschlüsselung werden bei Gleitkommazahlen sowohl die Mantisse als auch der Exponent in verschlüsselter Form dargestellt.

Wird die Anzahl der Stellen eines Maschinenwortes nicht als konstant vorausgesetzt, so spricht man von *variabler Wortlänge*. Bei dieser wird ein besonderes Symbol (Wortendemarke) zur Wortbegrenzung verwendet.

Fragen und Aufgaben zu Abschn. 3.3.

1. Wie müssen die Zahlen 1, 2, ..., 10 in einen Rechenautomaten eingegeben werden, wenn durch Festkommarechnung das Produkt dieser Zahlen ermittelt werden soll? Vorausgesetzt wird für die Maschine, daß sie Zahlen zwischen —1 und +1 darstellen kann.

2. 347,75; 110892,05; 0,000275; —0,0075 und —575,000285 sind als normalisierte Gleitkommazahlen darzustellen.

3. Für O,L; L; LOOL,L und $\pm$O,OOOLOL sind die Darstellungen als normalisierte Gleitkommazahlen gesucht.

4. Welcher Zahlenbereich wird erfaßt, wenn für die Mantisse zehn Dezimalstellen, eine Vorzeichenstelle und für den Exponenten drei Dezimalstellen und eine Vorzeichenstelle im Automaten vorgesehen sind?

4. Aufbau und Arbeitsweise der Baugruppen

4.1. Rechenwerk

4.1.1. Realisierung der Zahlen

Damit die Dualzahlen einer Verarbeitung durch das Rechenwerk zugänglich werden, ist es erforderlich, dieselben maschinell zu realisieren. Dies kann durch eine physikalisch-technische Anordnung geschehen, die nur zweier Zustände fähig zu sein braucht. Dafür eignet sich bereits ein Schalter, der entweder eine Verbindung zwischen zwei Punkten einer Leitung bzw. Schaltung herstellt oder unterbricht. Diese beiden Möglichkeiten, Verbindung „geschlossen" und Verbindung „offen", nennen wir *Schalt-*

stellungen. Ihnen ordnen wir die Dualzahlen L und O zu. Dabei entspreche „geschlossen" der L und „offen" der O. Diese Schalter können wir uns auch als Kontakte eines elektromagnetischen Relais ausgeführt denken. Bild 7 zeigt ein Relais mit zwei Arten von Kontakten.

Ein Stromfluß durch dasselbe bewirkt, daß die eine Art dieser Kontakte (Arbeitskontakte) geschlossen, gleichzeitig die andere Art (Ruhekontakte) getrennt wird. Bei Unterbrechung des Stromflusses werden die Arbeitskontakte geöffnet, die Ruhekontakte geschlossen. Dem Stromfluß durch das Relais ordnen wir die Zahl L zu, anderenfalls soll die O dargestellt werden. In Abhängigkeit davon stellen die Arbeitskontakte einen der entsprechenden Werte L oder O dar, während die Ruhekontakte jeweils die sog. „negierten" Werte repräsentieren (dabei ist O der negierte Wert von L und L der negierte Wert von O).

Bild 7. Elektromagnetisches Relais
a) Ruhekontakt; b) Arbeitskontakt

Außer Schaltern und elektromagnetischen Relais finden Elektronenröhren, Halbleiterdioden, Transistoren, Ferritkerne und andere Bauelemente zur Darstellung von Dualzahlen Verwendung. Diese Hilfsmittel gestatten eine sog. „statische" Realisierung. Daneben wird die „dynamische" Realisierung benutzt. Diese besteht darin, daß im Takt wandernde elektrische Impulse ausgesandt werden, denen wir die L zuordnen. Bleibt ein Impuls aus, so entspricht dies einer O (s. Bild 8).

Wir fassen für die folgenden Betrachtungen fürs erste eine 40stellige reine Dualzahl ins Auge und bedienen uns der Impulstechnik zu ihrer Realisierung. Dabei haben wir zwei Möglichkeiten zu unterscheiden:

a) Die 40 Impulse werden hintereinander und

b) sie werden gleichzeitig erzeugt und befördert.

Im ersten Fall ist ein Kanal, im zweiten sind 40 erforderlich. Wir sprechen dann von einer *Serien-* bzw. einer *Paralleldarstellung* der Zahl. Sind fürs zweite die 40 Dualstellen die zehn Tetraden einer Dezimalzahl, so haben wir die folgenden Varianten der sog. Zahl-Ziffern-Darstellung zu betrachten:

c) Die 10 · 4 Impulse werden alle hintereinander erzeugt und befördert, wofür nur ein Kanal erforderlich ist.

d) Die zehn Tetraden werden gleichzeitig und die vier Ziffern der Tetraden
in Serie dargestellt. Zehn Kanäle werden benötigt.

e) Die zehn Tetraden werden in Serie erzeugt, die vier Ziffern der Tetraden
gleichzeitig. Es sind vier Kanäle erforderlich.

f) Sowohl die Tetraden als auch ihre Ziffern werden gleichzeitig bereitgestellt, wofür 40 Kanäle vorhanden sein müssen.

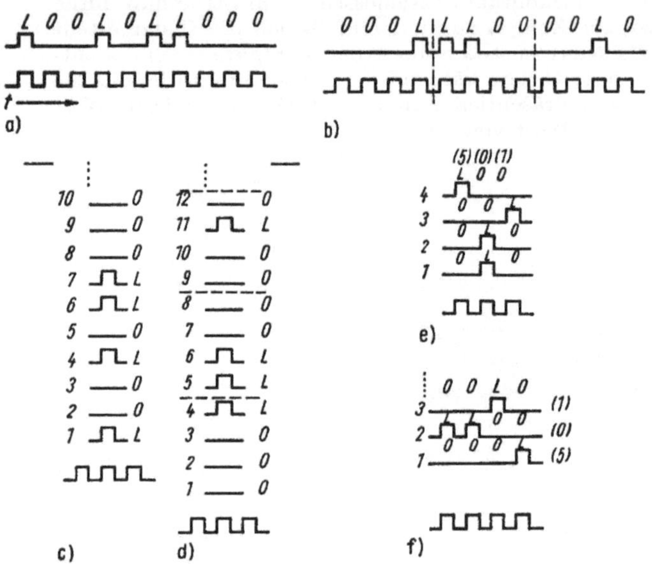

Bild 8. Zusammenstellung gebräuchlicher Zahlendarstellungen
a) Serien-, b) Serien-Serien-, c) Parallel-, d) Parallel-Parallel-, e) Serien-Parallel-, f) Parallel-
Serien-Darstellung von 105

Abschließend sei darauf hingewiesen, daß diese sechs Möglichkeiten der
Realisierung keineswegs auf 40stellige Dualzahlen, die angegebene Kodie-
rung des Dezimalsystems, die Impulstechnik usw. beschränkt sind, sondern
allgemein für Zahlen mit N Dualstellen bzw. für die Größen eines jeden
verschlüsselten Zahlensystems nutzbar sind. Es ist auch möglich, daß in
einer Maschine nicht nur eine Art der Darstellung verwendet wird, sondern
mehrere.
Der technische Aufwand nimmt von Punkt zu Punkt ständig zu und ist
im Fall a) bzw. c) am niedrigsten und im Fall b) bzw. f) am höchsten.

4.1.2. Aufbau des Rechenwerkes

Wenden wir uns nun der Frage zu, wie das Rechenwerk aufgebaut sein
muß, damit es mit den Zahlen, die in einer vorgegebenen Form maschinell
realisiert sind, arbeiten kann. Aufbau und Arbeitsweise desselben hängen
wesentlich ab vom Zahlensystem, von der Verschlüsselung der Ziffern
und vor allem von der Zahlendarstellung.

Wir sahen bereits, daß sich alle vier Grundrechenoperationen auf Additionen zurückführen lassen. Deshalb beschränken wir uns auf Schaltungen, die in der Lage sind, die Additionsvorschriften zu verwirklichen.
Im Bild 9a ist ein Demonstrationsmodell einer Additionsschaltung skizziert. Es besteht aus zwei dreipoligen Hebelschaltern, die hintereinandergeschaltet sind, und zwei Anzeigelampen, die die Spaltensumme S und den Übertrag $Ü$ darzustellen gestatten. Diese Schaltung hat genau vier Schaltstellungen (s. Bild 9) und realisiert die folgenden Gleichungen:

$$O + O = O \text{ (a)} \qquad L + O = L \text{ (c)}$$
$$O + L = L \text{ (b)} \qquad L + L = O, \text{ Übertrag: } L \text{ (d)}$$

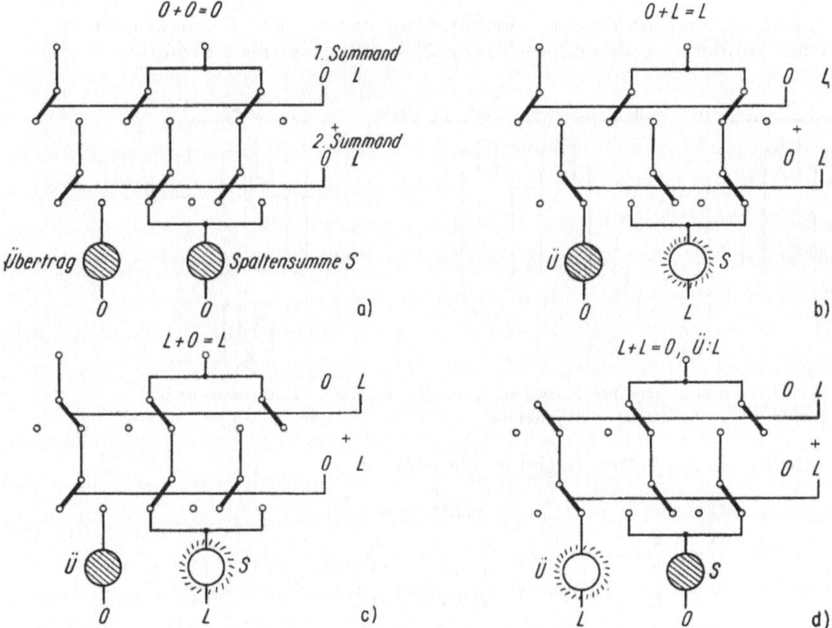

Bild 9. Die vier möglichen Schaltstellungen eines Halbaddierers

Bei der Realisierung dieser Schaltung für das Rechenwerk eines Automaten treten an die Stelle gewöhnlicher Schalter Relais, Elektronenröhren, Transistoren und sonstige in Frage kommende Bauelemente. Das Rechenwerk setzt sich dann aus einer Vielzahl solcher Schaltungen und einigen speziellen Speichern zur kurzfristigen Aufbewahrung von Zahlen zusammen.
Bevor wir den Aufbau dieser Baugruppe genauer untersuchen, soll kurz ein Hilfsmittel zur Beschreibung von Schaltungen erwähnt werden. Es handelt sich hierbei um die Schaltalgebra, eine Anwendung der mathematischen Logik auf Probleme der Analyse und Synthese von Schaltungen.

4.1.2.1. Schaltalgebra [1]

Die Gesetze dieser Algebra werden angewendet auf Variable a, b, c, ...,
A, B, C, ... Diese Veränderlichen können aber nur die Werte O und L
annehmen. Die Beziehungen dieser beiden Größen zueinander werden fest-
gelegt durch das Postulat $\overline{L} = O$, dem $\overline{O} = L$ als gleichwertig zur Seite
steht. Wir sagen, der eine Wert ist die *Negation* des anderen. Von Wichtig-
keit sind die beiden folgenden Operationen, deren Postulate wir einander
gegenüberstellen:

$$
\begin{aligned}
O \vee O &= O & \qquad L \wedge L &= L \\
O \vee L &= L & \qquad L \wedge O &= O \\
L \vee O &= L & \qquad O \wedge L &= O \\
L \vee L &= L & \qquad O \wedge O &= O
\end{aligned}
$$

Die durch $\vee$ charakterisierte Verknüpfung nennen wir *Disjunktion* oder
logische Summe und die andere *Konjunktion* oder logisches Produkt.

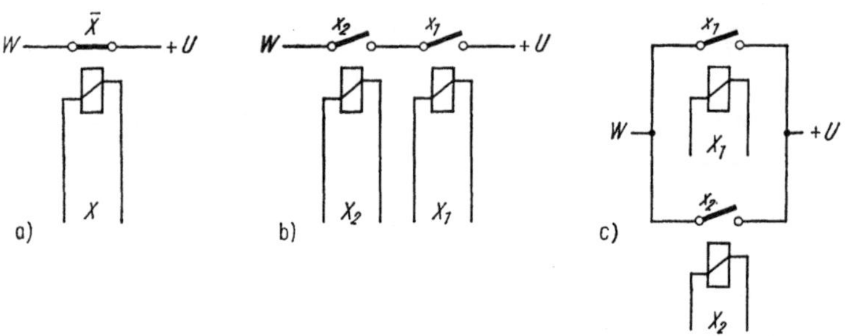

Bild 10. Verwirklichung der logischen Grundfunktionen in Relaistechnik
a) Negation; b) Konjunktion; c) Disjunktion

Für alle Variablen gelten folgende Identitäten:

$$
\begin{aligned}
\overline{(\overline{a})} &= \overline{a} & \qquad \overline{\overline{(a)}} &= a \\
a \vee a &= a & \qquad a \wedge a &= a \\
a \vee \overline{a} &= L & \qquad a \wedge \overline{a} &= O \\
a \vee L &= L & \qquad a \wedge O &= O \\
a \vee O &= a & \qquad a \wedge L &= a
\end{aligned}
$$

Logische Gleichungen lassen sich weitestgehend wie algebraische Gleichungen behandeln und umformen, wobei die nachstehenden Gesetze zu
beachten sind:

1. Vertauschungsgesetze:
$$a \vee b = b \vee a \qquad\qquad a \wedge b = b \wedge a$$

2. Verbindungsgesetze:
$$
\begin{aligned}
(a \vee b) \vee c &= a \vee (b \vee c) & \qquad (a \wedge b) \wedge c &= a \wedge (b \wedge c) \\
&= a \vee b \vee c & &= a \wedge b \wedge c
\end{aligned}
$$

---

[1] Siehe auch RA 25.

3. Verteilungsgesetze:

$$(a \wedge b) \vee (c \wedge d) = \qquad\qquad (a \vee b) \wedge (c \vee d) =$$
$$(a \vee c) \wedge (a \vee d) \wedge (b \vee c) \wedge (b \vee d) \quad (a \wedge c) \vee (a \wedge d) \vee (b \wedge c) \vee (b \wedge d)$$

Von diesen sechs Gesetzen unterscheiden sich nur die Verteilungsgestze von den entsprechenden der „Algebra der Zahlen". Sie machen keinen Unterschied zwischen $\vee$ und $\wedge$, im Gegensatz zur Regel „Punktrechnung geht vor Strichrechnung".

Abschließend sei noch das Theorem von *Shannon* erwähnt, das besagt: Die Negation (Verneinung) eines logischen Ausdrucks wird dadurch gebildet, indem alle Variablen durch ihre negierten ersetzt werden und die Verknüpfung $\wedge$ durch $\vee$ und umgekehrt.

Dieses Theorem wird durch die folgende Relation wiedergegeben:

$$\overline{f\,(a, \bar{a}, b, \bar{b}, \ldots, \wedge, \vee)} = f\,(\bar{a}, a, \bar{b}, b, \ldots, \vee, \wedge),$$

wobei f einen logischen Ausdruck mit den angeführten Variablen bezeichnet. Spezialfälle dieses Theorems sind:

$$\overline{(a \vee b)} = \bar{a} \wedge \bar{b} \qquad\qquad \overline{(a \wedge b)} = \bar{a} \vee \bar{b}$$

Für die Vereinfachung von Ausdrücken leisten noch folgende Relationen gute Dienste:

$$a \wedge (a \vee b) = a \qquad\qquad a \vee (a \wedge b) = a$$

Wenn die dargelegten Hilfsmittel zur Behandlung von Schaltungen Verwendung finden sollen, so ist es als erstes notwendig, dieselben in eine symbolische Darstellung zu überführen. Alle Schaltelemente werden durch Buchstaben bezeichnet; Relais, Schalter u. a. m. durch große lateinische Buchstaben und die zu einem Schalter oder Relais gehörigen Kontakte durch den entsprechenden kleinen lateinischen Buchstaben. Neben der Angabe, zu welchem Schalter der Kontakt gehört, muß das Kontaktsymbol (kleiner lateinischer Buchstabe) zum Ausdruck bringen, ob es sich um einen Arbeits- oder einen Ruhekontakt handelt. Letzterer wird durch einen Querstrich vom ersten unterschieden. Des weiteren bezeichnen wir, wie bereits erwähnt, einen geschlossenen Stromkreis durch L und einen offenen durch O. Die Variablen können nur einen dieser Werte annehmen. Das Gleichheitszeichen bedeutet: Die Funktionswerte auf beiden Seiten sind identisch.

4.1.2.2. Verwirklichung und Beschreibung von Schaltungen

Für die Verwirklichung von logischen Grundschaltungen können verschiedene Bauelemente, wie Relais, Röhren, Dioden und Ferritkerne, im Prinzip als zweiwertige Schaltelemente verwendet werden. Abschließend sei noch auf folgende Sachverhalte hingewiesen: Die Schaltalgebra gestattet prinzipiell nur die Erfassung und Beschreibung eingeschwungener Zustände. Statische Schaltungen können wir deshalb nicht während des Schaltprozesses betrachten und dynamische Schaltkreise nur zur sog. Impulszeit. Unter Impulszeit verstehen wir die Zeit, zu der Impulse an Eingängen eines Schaltelements eintreten können (s. Abschn. 4.3.1.).

Durch das auf S. 29 beschriebene Demonstrationsmodell werden die folgenden Relationen realisiert:

$$S = (a \wedge \bar{b}) \vee (\bar{a} \wedge b) \text{ und } \ddot{U} = a \wedge b \,,$$

wenn wir den einen Summanden mit a, den anderen mit b bezeichnen. Einen Schaltplan für eine Realisierung dieser Additionsschaltung für Dualziffern in Relaistechnik zeigt Bild 11. Diese Schaltung soll nun dahingehend vervollkommnet werden, daß ein Netzwerk entsteht mit drei Eingängen, zwei Ausgängen und der Fähigkeit zur Addition zweier Dualziffern unter Berücksichtigung des Übertrages der vorhergehenden Stelle. Diese Schaltung wollen wir als *Volladdierer* oder kürzer als *Addierer* oder

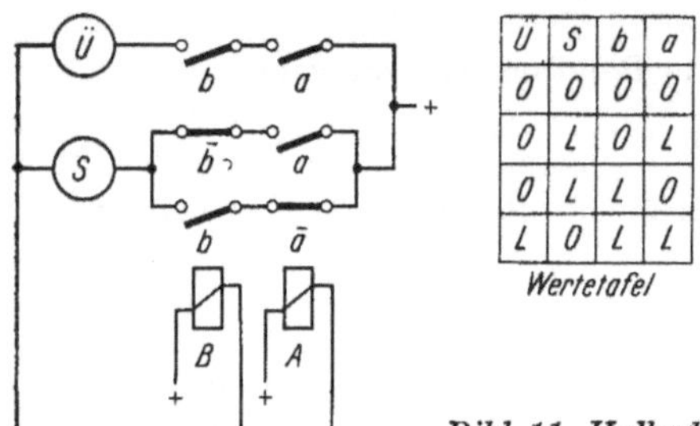

$\ddot{U}$	S	b	a
0	0	0	0
0	L	0	L
0	L	L	0
L	0	L	L

Wertetafel

Bild 11. Halbaddierschaltung in Relaistechnik

Adder bezeichnen, während für die vorhergehende die Bezeichnung *Halbaddierer* oder Halbadder gebräuchlich ist.

Damit sind wir in der Lage, uns dem Aufbau und der Arbeitsweise der Rechenwerke zuzuwenden.

4.1.2.3. Parallel- und Serienrechenwerke

Die Aufgabe der Rechenwerke ist die Durchführung der vier Grundrechenarten, was — wie wir im Abschn. 3. sahen — durch Zurückführung der Subtraktion, Multiplikation und Division auf Additionen, Komplementbildungen und Verschiebungen geschehen kann. Es gibt aber auch Automaten, die neben einer Addier- noch eine Multipliziereinheit besitzen, oder es können gleichzeitig Addierer und Subtraktoren vorhanden sein.

Wir wollen uns auf den einleitend angegebenen Fall beschränken. Derartige Rechenwerke bestehen aus zwei Teilen, der *Recheneinheit* und der *Rechensteuerung*, die nun skizziert werden sollen.

Der historischen Entwicklung folgend, beschreiben wir zuerst die *Paralleleinheiten*. Sie bestehen im einfachsten Fall aus Registern, Verschiebeeinrichtungen, Komplementierwerken und Addierern. Setzen wir N-stellige Dualzahlen voraus, Vorzeichen inbegriffen, so sind zwei N-stellige Operandenregister zur Bereitstellung der zu verarbeitenden Zahlen und ein weiteres $(N + 1)$-stelliges Register für ihr Resultat vorhanden. Eine Beschreibung dieser speziellen Speicher erfolgt im Abschn. 4.2. Für jede Stelle ist außerdem ein Volladdierer erforderlich, der die Verknüpfung zweier Ziffern und des Übertrages der vorhergehenden Stelle gestattet. Ein Blockschaltbild für einen achtstelligen Paralleladdierer zeigt Bild 12. Eine Realisierung desselben in Relaistechnik (s. Bild 13) ist leicht ausführbar und gestattet, die Addition mit sog. durchschleifendem Übertrag auszuführen, wovon wir uns ohne Mühe überzeugen können. Damit ist eine gewisse Schwierigkeit überbrückt, die von folgendem Sachverhalt herrührt: Der bei der Bildung einer Spaltensumme eventuell entstehende Übertrag geht an einen der drei Eingänge des Volladdierers der nächsthöheren Stelle.

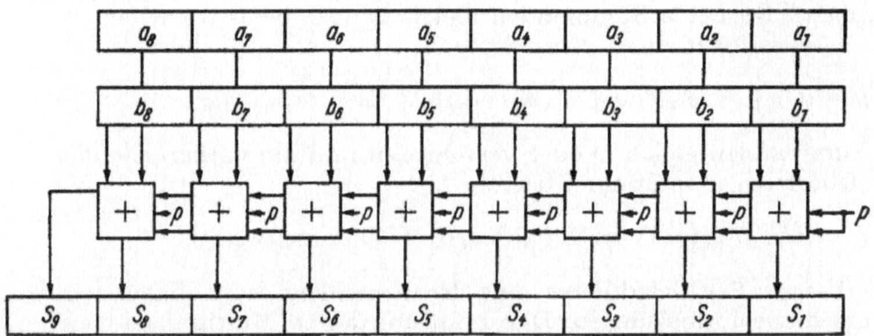

Bild 12. Blockschaltbild für einen achtstelligen Paralleladdierer

Dieser kann folglich seine Einstellung erst dann durchführen, wenn jener damit fertig ist. Die dadurch entstehenden Verzögerungen können be großer Stellenanzahl immerhin beachtlich sein. Wir vermeiden diese Zeitverluste, indem die Bildung von S_i, $\ddot{U}_i$ und $\bar{\bar{U}}_i$ durch a_i und b_i gesteuert wird und der Übertrag $\ddot{U}_{i-1}$ gleichzeitig seine Berücksichtigung findet. Die

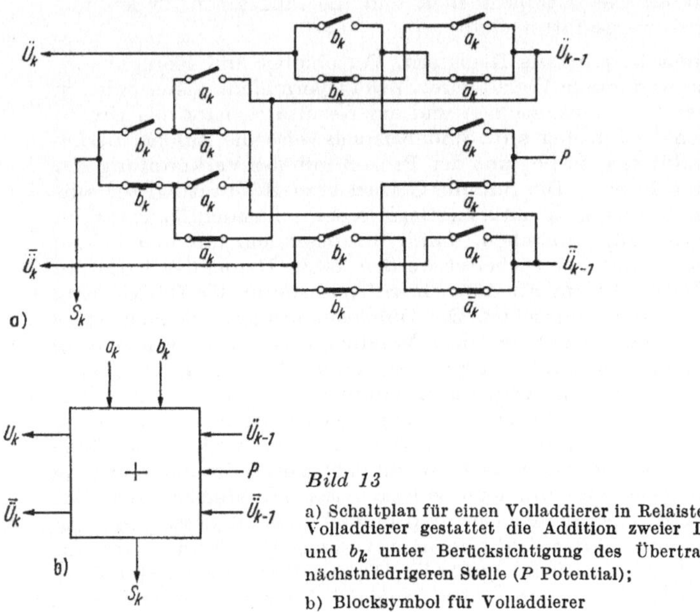

Bild 13

a) Schaltplan für einen Volladdierer in Relaistechnik. Dieser Volladdierer gestattet die Addition zweier Dualziffern a_k und b_k unter Berücksichtigung des Übertrages $\ddot{U}_{k-1}$ der nächstniedrigeren Stelle (P Potential);

b) Blocksymbol für Volladdierer

Summe S_i ist nur in den beiden Fällen gleich L, wenn entweder alle drei
Eingänge $\ddot{U}_{i-1}$, a_i, b_i oder nur einer davon den Wert L haben. Somit ist

$$S_i = \{\ddot{U}_{i-1}\wedge[(a_i\wedge b_i) \vee (\overline{a_i}\wedge\overline{b_i})]\} \vee \{\overline{\ddot{U}}_{i-1}\wedge[(a_i\wedge\overline{b_i}) \vee (\overline{a_i}\wedge b_i)]\} \ .$$

Es ist $\ddot{U}_i = $ L, falls mindestens zwei der drei Eingänge den Wert L haben,
d. h., wenn entweder beide Summanden gleich L oder beide verschieden
und $\ddot{U}_{i-1} = $ L. Dies führt zu

$$\ddot{U}_i = \{\ddot{U}_{i-1} \wedge [(a_i \wedge \overline{b_i}) \vee (\overline{a_i} \wedge b_i)]\} \vee \{\text{L} \wedge (a_i \wedge b_i)\} \ .$$

Sind beide Summanden gleich O oder verschieden und die vorhergehende
Stelle ohne Übertrag, so fehlt ein Übertrag $\ddot{U}_i$:

$$\overline{\ddot{U}}_i = \{\overline{\ddot{U}}_{i-1} \wedge [(a_i \wedge \overline{b_i}) \vee (\overline{a_i} \wedge b_i)]\} \vee \{\text{L} \wedge (\overline{a_i} \wedge \overline{b_i})\} \ .$$

Damit aus diesem Paralleladdierer eine Recheneinheit wird, fügen wir
noch eine Verschiebeeinrichtung zur Durchführung der bei Multiplikationen
erforderlichen Stellenversetzungen hinzu. Die Komplemente schließlich
werden in einer Komplementiereinrichtung erzeugt, die bei rein dualen
Zahlen relativ einfach ist.

Es liegt auf der Hand, daß einer der Vorteile dieser Parallelrecheneinheiten
darin begründet liegt, daß sie eine schnelle Verarbeitung der Zahlen gestatten. Allerdings wird dieser Vorteil mit einem sehr hohen Aufwand an
Bauelementen erkauft. So ist z. B. für jede Dualstelle ein Volladdierer erforderlich, der aus relativ vielen Schaltelementen besteht. Deshalb werden
Parallelrechenwerke heute vorwiegend in den sehr schnellen Automaten
verwendet, während die mittelschnellen und die langsamen Typen mit
Serienrechenwerken ausgestattet sind.

Ihre Recheneinheit besteht aus Registern, Verschiebe- und Komplemen-
tiereinrichtungen und einem Volladdierer. Zwei Operandenregister nehmen
die zu verarbeitenden Informationen und ein Resultatregister das Ergebnis der Operationsausführung auf. Sind beispielsweise die Zahlen LOLL
und LOOL zu addieren, so beginnt der Prozeß mit der Verknüpfung der
beiden niedrigsten Stellen. Die Summe O wird vom Resultatregister aufgenommen. Der Übertrag L muß zu Beginn der folgenden Taktzeit an
einem der drei Eingänge anstehen, damit er zusammen mit den beiden
folgenden Ziffern L und O verarbeitet werden kann. Damit der Übertrag
zum richtigen Zeitpunkt am Eingang eintrifft, wurde in der Rückleitung
eine Verzögerungsstufe vorgesehen. Die Dimensionierung derselben ist so
zu wählen, daß der gewünschte zeitliche Verzug eintritt. Eine Einsparung
eines Registers läßt sich dadurch erreichen, indem die Ziffern des Resultates von einem Operandenregister aufgenommen werden. Die zwischen
Addierwerkausgang und Akkumulatoreingang geschaltete Verzögerungsstufe erzeugt einen Sicherheitsabstand zwischen der niedrigsten Stelle
des Resultates und der höchsten des I. Operanden. Durch Parallelschaltung
einer Verzögerungseinheit zum Operandenregister II erreichen wir eine
Rückführung dieses Operanden. Der ursprüngliche Inhalt desselben steht
damit nach Ausführung der Addition in unveränderter Form wieder für
eine eventuelle Weiterverarbeitung zur Verfügung. Bild 14 zeigt eine Prinzipschaltung, in der das Resultatregister zugleich I. Operandenregister ist.

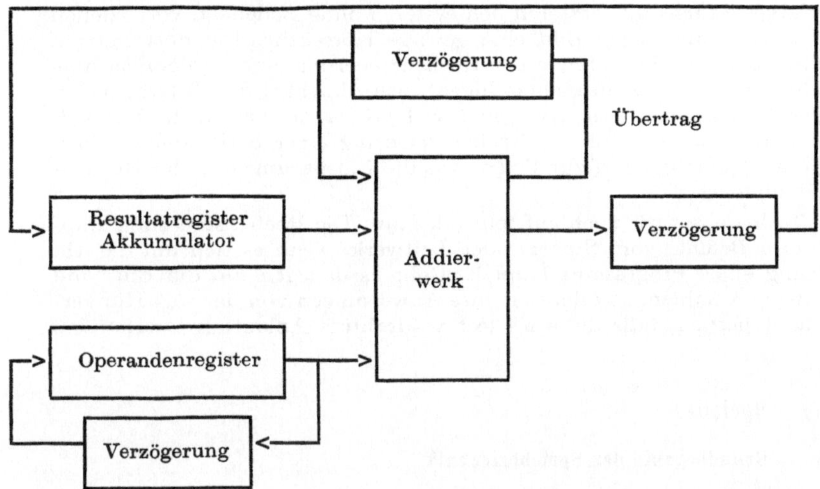

Bild 14. Blockschaltbild eines Serienaddierers mit zwei Registern

Nun noch einige Bemerkungen zur *Rechensteuerung*. Ihre Aufgabe besteht in der Überwachung und Steuerung der einzelnen Teile der Recheneinheit. In Abhängigkeit von sog. Steuerimpulsen sorgt sie für eine richtige Durchführung der arithmetischen, logischen und organisatorischen Operationen. Zu den letzteren gehören z. B. der Zahlentransport in und aus den Registern und das Festhalten der Multiplikatorstellen bei Serienmaschinen. Die Steuerung der Abläufe der genannten Operationen erfolgt durch Ablauffolgen, die im Abschn. 4.3.3. besprochen werden. Bisher haben wir stillschweigend Festkommazahlen vorausgesetzt. Das Rechnen mit beweglichem Komma macht eine sog. Gleitkommaarithmetik erforderlich. Die Exponenten müssen in einer, allerdings kleinen, Recheneinheit aufgenommen und dort behandelt werden. Einrichtungen werden benötigt zum Angleichen der Exponenten, was durch eine Verschiebung der Mantissen geschieht. Bei der Multiplikation und der Division muß eine Addition bzw. Subtraktion der Exponenten möglich sein. Diese Umstände erhöhen den Aufwand in der Rechensteuerung recht erheblich. Deshalb sind manche Maschinen in der Grundausstattung nur als sog. Festkommamaschinen ausgeführt. Durch Zusatz einer Gleitkommaarithmetik wird dann auch die direkte Durchführung von Gleitkommaoperationen möglich.

Bei den vorausgehenden Ausführungen hatten wir rein duale Zahlen, entweder in Parallel- oder in Seriendarstellung, zugrunde gelegt. Mit geringfügigen Abwandlungen gilt das Gesagte auch für verschlüsselte Zahlensysteme. Es versteht sich von selbst, daß z. B. bei einer Serien-Parallel-Darstellung nicht nur ein Volladdierer erforderlich ist, sondern so viele, wie der Kode Stellen hat. Allgemein sind so viel Addierer wie Kanäle bei der Zahlendarstellung notwendig. Wir kommen noch einmal auf den Vergleich von Parallel- und Serienrechnern zurück. Während wir bei der Besprechung der Recheneinheiten den Eindruck hatten, daß bezüglich des

Materialverbrauchs die letzteren den ersteren ohne Bedenken vorzuziehen sind, erfährt nun dieses Bild eine gewisse Korrektur. Die notwendigen organisatorischen Maßnahmen der Rechensteuerung einer Serienmaschine (sowohl der ein- als auch mehrstelligen), wie Abzählen der Ziffern, mehrmaliges Lesen, Speichern usw., sind viel größer als bei einem Parallelrechenwerk. Dies hat für die Rechensteuerung einer Serienanlage einen größeren Elementebedarf zur Folge, was die Einsparungen in der Recheneinheit mindert.

Schließlich weisen wir noch auf folgendes hin: Die Rechensteuerung empfängt ihre Befehle vom Steuer- oder Leitwerk, wenn es sich um die Abarbeitung eines Programms handelt. Geht es dagegen um die Ein- und Ausgabe von Zahlen, so erhält sie ihre Anweisungen von der sog. Konvertierungssteuerung, falls diese als fest verdrahtete Ablauffolge vorhanden ist.

4.2. Speicher

4.2.1. Grundbegriffe der Speichertechnik

Bevor wir uns den verschiedenen Speicherarten zuwenden, soll etwas über den zu speichernden Gegenstand, die Information, gesagt werden.

Als *Informationselement* oder *Elementarinformation* bezeichnen wir eine zweiwertige Information, die etwa durch „O" oder „L", „Impuls" oder „Nichtimpuls", „Loch" oder „Nichtloch" darstellbar ist. Als Bezeichnung für diese Elementarinformation oder *Einheit des Informationsgehalts* hat sich der aus *binary digit* gebildete Kurzausdruck *bit* entwickelt. Eine Folge von N bits nennen wir ein *Wort*. So ein Wort kann z. B. eine Dualzahl oder eine Vokabel irgendeiner Sprache sein, die mittels Buchstaben darstellbar ist, d. h., es ist möglich, mit Hilfe von Elementarinformationen vielerlei darzustellen. Nur müssen wir zwischen dem Inhalt und der Darstellung des Inhalts unterscheiden. Darstellungen solcher Worte durch das Loch-Nichtloch-Prinzip sind uns bereits vom Lochstreifen her geläufig.

Eine andere Art der Darstellung lernten wir bei der maschinellen Realisierung von Dualzahlen kennen. Einen Überblick über die möglichen Bedeutungen eines Maschinenwortes konstanter Länge gibt Bild 6.

Jedes physikalische Gebilde, mit dem wir Informationen kurzfristig oder für längere Zeit aufbewahren können, nennen wir *Speicher*. In diesem Sinne ist das Schreibheft des Schülers, das z. B. die Vokabeln einer fremden Sprache aufnimmt, ein Speicher. Aber auch Lexika, Tabellenwerke und Fernsprechbücher sind spezielle Speicher. Die letzten drei Beispiele lassen leicht erkennen, worauf es bei einem Speicher ankommt, d. h., welche Forderungen wir an ihn stellen. Wir verlangen, daß er möglichst umfassend ist und jede gewünschte Information uns ohne Wartezeit zur Verfügung stellt. Für diese Forderungen haben sich in der Fachterminologie die Bezeichnungen *Speicherkapazität* und *Zugriffszeit* herausgebildet. Die Speicherkapazität, d. h. die Anzahl der Informationselemente, die gleichzeitig aufbewahrt werden können, soll also möglichst groß, die Zugriffszeit möglichst klein sein. Bei Benutzung eines Fernsprechbuches kennen wir eine bestimmte Adresse, und unter dieser suchen wir die Rufnummer des Teilnehmers als Information. In der Sinustabelle finden wir unter der

„Adresse" 30°20′ die Information 0,505. Auch bei den Speichern, die in
der Rechentechnik Verwendung finden, müssen wir unterscheiden zwischen der *Adresse* und dem *Inhalt*, der unter dieser Adresse erreichbar ist.
Prinzipiell ist es dabei unwesentlich, ob die Adresse wirklich angegeben
wird oder durch ein geometrisches Schema bestimmt ist. Je nach Speicher-
typ wird die eine oder andere Art angewendet, worauf wir bei Besprechung
der einzelnen Typen zurückkommen.

Das Element eines Speichermediums, das ein Wort aufzunehmen vermag,
bezeichnen wir als *Zelle*. Eine Information in den Speicher bringen wird
Speichern oder *Schreiben*, sie ihm entnehmen *Lesen* genannt. Das Auf-
suchen einer bestimmten Zelle, deren Adresse vorliegt, nennen wir *Auf-
rufen* oder *Ansteuern* und geschieht durch eine sog. *Speichersteuerung*.
Somit kann die zweite Forderung dahingehend präzisiert werden, daß die
Zeitspanne, die vom Eintreffen eines Schreib- oder Lesebefehls in der
Speichersteuerung bis zum Auffinden der bestimmten Zelle und zur Aus-
führung des Befehls vergeht, so klein wie möglich sein soll.

4.2.2.   Die wichtigsten Speichertypen

Weit verbreitet sind die Speicher „Lochkarte" (s. Bild 30) und „Lochstreifen" (s. Bild 32). Ihr Inhalt kann leicht in eine für Maschinen ver-
arbeitbare Form umgesetzt werden. Beide haben zwei schwerwiegende
Nachteile: Wir können sie einerseits nur relativ langsam beschreiben und
lesen und andererseits nicht *löschen*, d. h. für eine Neuaufnahme von
Informationen geeignet machen.

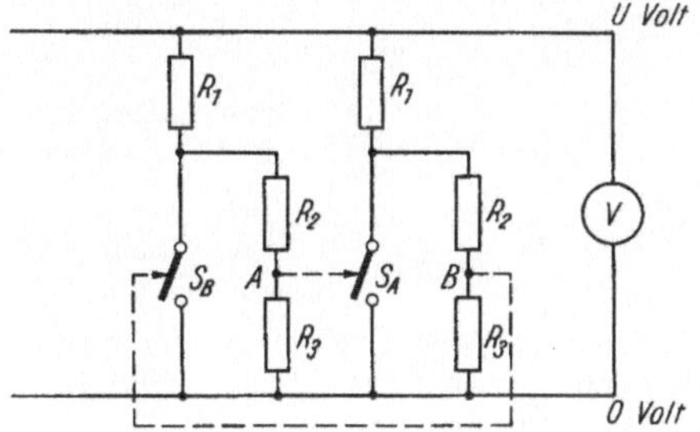

Bild 15
Prinzipschaltung eines Flip-Flops

Eine besondere Bedeutung auf dem Gebiet der Speichertechnik hat der
sog. bistabile Multivibrator, meist *Flip-Flop* genannt, erlangt, dessen
Schaltung im Bild 15 angegeben ist. Anhand einer Schaukel (engl. flip-
flop), die aus einem beiderseitig verschlossenen Glasrohr mit einer frei
beweglichen Stahlkugel besteht, veranschaulichen wir uns das Arbeits-
prinzip. Dieses mechanische Modell (Bild 16) kann nur dann aus einer der
beiden stabilen Lagen in die andere überführt werden, wenn die Kraft P
am hochstehenden Ende (im Bild 16: B) angreift, anderenfalls verharrt es.
Der einen der beiden Lagen ordnen wir eine L, der anderen eine O zu und
haben damit einen einfachen mechanischen Speicher, der sich analog einem
elektronischen Flip-Flop verhält.

Bei unserer elektrischen Schaltung liegen zwei Gruppen von je drei hinter-
einandergeschalteten ohmschen Widerständen an der gleichen Spannungs-
quelle V. Der eine Pol von V befindet sich auf dem Potential 0, der andere
auf einem Potential von U Volt. Die Widerstände R_2 und R_3 jeder Gruppe
können durch einen Schalter S_A von A aus für die eine und durch S_B von B

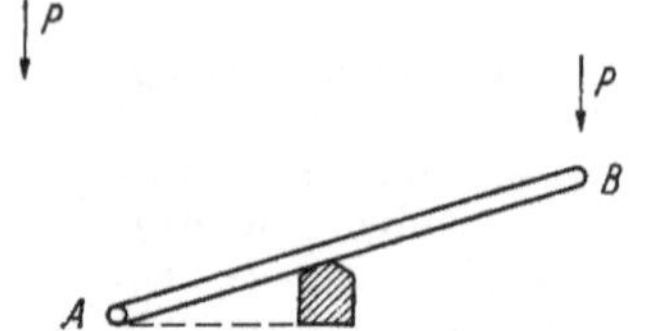

Bild 16

*Mechanisches Modell eines Flip-Flops
(Schaukel)*

aus für die andere Gruppe kurzgeschlossen werden. Nehmen wir zur Vereinfachung $R_1 = R_2 = R_3$ an, dann liegt der Punkt A auf einem Potential

von $\dfrac{U}{3}$ Volt, wenn S_B offen, und auf einem Potential von 0 Volt, wenn

S_B geschlossen ist. Da beide Schaltergruppen gleich gebaut sind, gilt Entsprechendes auch für B. Nunmehr nehmen wir an, daß die Schaltstellung
von S_A vom Potential A, die von S_B vom Potential B abhängt. Der
Schalter soll schließen, wenn das zugeordnete Potential größer als 0 ist,
anderenfalls soll er offen sein. Unter diesen Voraussetzungen besitzt die
Schaltung genau zwei stabile Gleichgewichtslagen. In der einen ist S_B

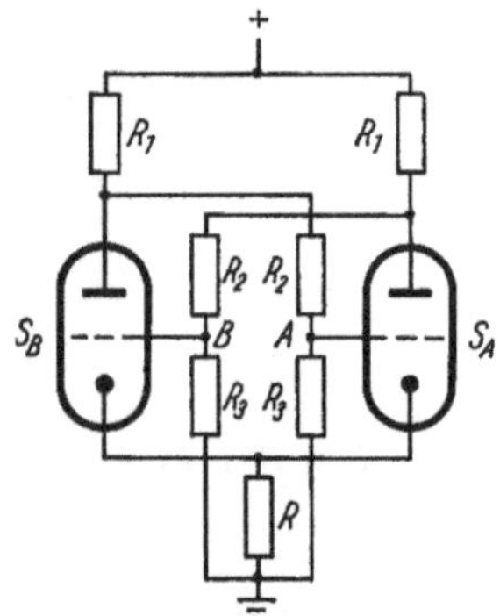

Bild 17

*Prinzipschaltung eines Flip-Flops unter Ver-
wendung von Trioden*

offen und S_A geschlossen, in der anderen ist es umgekehrt. Durch einen
positiven Störspannungsstoß an einem der Punkte A und B geht die
Schaltung in den anderen Gleichgewichtszustand über, falls dieser Punkt
auf Nullpotential liegt, sonst bewahrt sie ihren Zustand.

Die Eigenschaften dieser Schaltung bleiben bestehen, wenn wir S_A und S_B
z. B. durch Trioden ersetzen und jeden der Punkte A und B mit dem
Gitter seiner Triode verbinden (Bild 17). Die Kapazitäten der aus Flip-
Flops aufgebauten Speicher sind sehr niedrig. Wir benutzen sie in erster
Linie zur kurzfristigen Aufbewahrung von Informationen. Aus ihnen

können wir ein sog. *Register* aufbauen, das zur Aufnahme nur eines Wortes bestimmt ist. Register arbeiten sehr eng mit bestimmten Bauteilen, wie Rechenwerk, Leitwerk usw., zusammen oder gehören ihnen direkt an. Typisch für sie ist eine sehr niedrige Zugriffszeit.

Zur Speicherung größerer Informationsmengen werden in der Hauptsache verwendet:

Band-, Trommel-, Platten- und Kernspeicher.

Obwohl noch eine Reihe weiterer Speichertypen entwickelt wurden und sich auch im Einsatz befinden, wollen wir nur die genannten kurz besprechen.

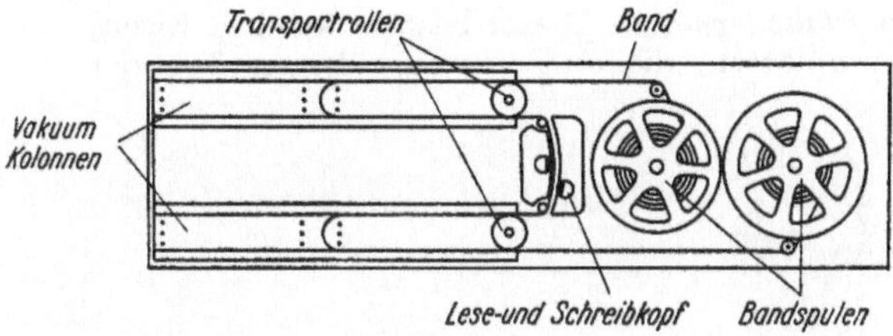

Bild 18. Schema eines Bandspeichers

Bild 18 zeigt das Schema eines *Bandspeichers*. Dieses besteht im wesentlichen aus dem Band als Speichermedium, dem Lese- und Schreibkopf und der Transporteinrichtung. Das erstere ist ein Kunststoff- oder Metallband mit einer dünnen magnetisierbaren Oberflächenschicht (z. B. aus Eisenoxid). Das Schreibverfahren unterscheidet sich von dem in der Tontechnik gebräuchlichen im wesentlichen nur dadurch, daß wir keine Unterschiede in der Magnetisierungsstärke und der Frequenz zur Speicherung der Information benutzen. Verwendet werden nur die beiden möglichen Magnetisierungsrichtungen oder die Richtungsänderung einer vorhandenen Magnetisierung, denen wir O und L zuordnen. Die Informationen können wir beliebig lange aufbewahren, und sie werden auch durch den Leseprozeß nicht beeinflußt. Üblicherweise werden auf diesen Bändern mehrere Kanäle nebeneinander angeordnet. Dadurch können alle Stellen eines Zeichens gleichzeitig geschrieben oder gelesen werden. Bandspeicher werden nur in Verbindung mit Trommel- oder Kernspeichern verwendet.

Diese übernehmen vom Band die Informationen blockweise und geben Daten blockweise zur langfristigen Aufbewahrung zurück. Die Speicherkapazität der Bandspeicher ist sehr groß und ihre Zugriffszeit lang (maximale Bandkapazität $1,5 \cdot 10^8$ bits).

Entschieden kleiner ist die Zugriffszeit bei den sog. *Trommelspeichern.* Bild 19 zeigt eine rotierende Trommel, auf deren Mantel ein ferromagnetischer Lack aufgetragen ist, sowie die im geringen Abstand angebrachten Schreib- und Leseköpfe. Für den Schreib- und Leseprozeß gilt wieder das bereits beim Bandspeicher Gesagte. Zur Festlegung der Adresse einer jeden Zelle bedienen wir uns einer geometrischen Anordnung, die z. B. folgendermaßen beschaffen sein kann: Wir teilen den Mantel in sog. *Spuren* ein, die

wiederum in Zellen unterteilt sind. Eine bestimmte Stellung der Trommel
definieren wir als Nullage und kennzeichnen dieselbe durch einen Einzel-
impuls auf einer Hilfsspur. Dieser Impuls stellt bei jeder Umdrehung einen
„Zähler" auf Null. Eine zweite Hilfsspur trägt genausoviel Impulse, wie
eine Spur Zellen hat. Zählen wir diese Impulse mit Hilfe des bereits erwähnten Zählers, so gibt dieser dauernd die durch die Impulse bestimmte
Winkelstellung der Trommel an und ordnet damit jeder Zelle eine Adresse
zu. Die Speicherkapazität einer Trommel von 20 cm Länge und 10 cm
Durchmesser ist ungefähr $5 \cdot 10^5$ bits. Die Drehzahl liegt im Bereich
zwischen 6000 und 15 000 Umdrehungen je Minute. Die Zugriffszeit ist
durch die Dauer einer Umdrehung der Trommel festgelegt und beträgt
einige ms. Zu Rechenanlagen, die zu vielen Daten einen direkten Zugriff
haben sollen, gehört oft ein *Plattenspeicher*. Dieser besteht aus mit Eisenoxid überzogenen Aluminiumplatten, die auf einem kräftigen Zylinder

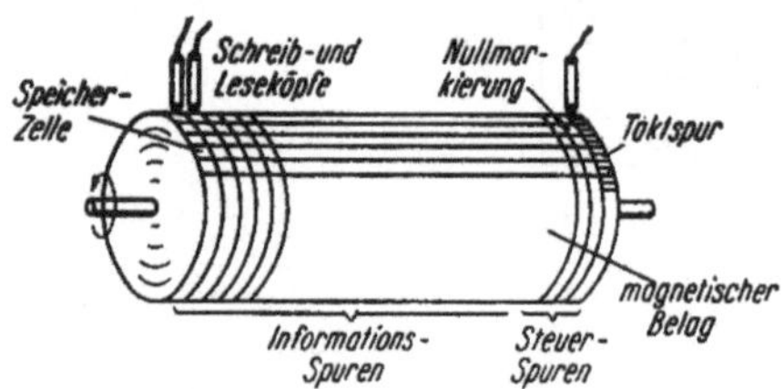

Bild 19. Schema eines Trommelspeichers

befestigt sind. Dieser rotiert mit konstanter Geschwindigkeit um eine fest-
stehende vertikale Achse. Parallel zu dieser Achse gleitet ein mit einem
Arm ausgerüsteter Schlitten. Da dieser mit zwei Magnetköpfen ausge-
stattete Arm sowohl horizontal als auch vertikal bewegt werden kann, ist
jede Spur einer jeden Platte erreichbar. Die zur Anwendung kommenden
Aufzeichnungsverfahren sind die gleichen wie bei Magnetband- oder
Trommelspeichern. Durch ihre konstruktive Gestaltung bieten Platten-
speicher Platz für 50mal mehr Zeichen als gleich große Trommelspeicher.
Ihre Zugriffszeit von einigen Zehntelsekunden ist im Verhältnis zur großen
Speicherkapazität kurz.

Band-, Trommel- und Plattenspeicher haben in Rechenanlagen die Funk-
tion eines sog. *Zubringer*- oder *Außenspeichers*, dessen Aufgabe in der Aufbewahrung großer Informationsmengen besteht, die bei Bedarf nicht wort-
weise, sondern in Blöcken, in sog. *Arbeitsspeicher* überführt werden. Die
Hauptkennzeichen dieser Arbeitsspeicher sind eine kleine Zugriffszeit und
ihre enge Zusammenarbeit mit Rechen- und Leitwerk. In ihnen speichern
wir das Programm und die unmittelbar zur Verarbeitung vorgesehenen
Daten. Als Arbeitsspeicher benutzen wir in der Hauptsache kleine Trommelspeicher mit sehr niedriger Zugriffszeit und *Kernspeicher*, die nun
besprochen werden sollen.

Zur Speicherung eines bits verwenden wir einen Mn-Mg-Ferritring mit
einem Außendurchmesser von 2 bis 3 mm, einem Innendurchmesser von
1,5 mm und einer Dicke von 0,5 mm. Die Hysteresiskurve des benutzten

Werkstoffs hat eine fast rechteckige Form, wie Bild 20 erkennen läßt. Wird von einem entsprechenden Strom im Kern ein Feld $+H_m$ erzeugt, dann bleibt nach Abschalten des Stromes die positive Remanenz $+B_r$ zurück, der wir die L zuordnen. Die entgegengesetzte Remanenz realisiert dann die O. Aber auch die umgekehrte Zuordnung ist möglich. Durch diesen Kern führen wir drei Drähte, wovon wir zwei als Schreib-Lese-Drähte und den dritten als Abfühldraht bezeichnen. Leiten wir durch jeden der beiden erstgenannten einen einige μs dauernden Stromimpuls $I_m/2$, so erzeugt das gleichzeitige und gleichpolige Auftreten von beiden Impulsen $I_m/2$ eine Feldstärke H_m und stellt damit aus der ursprünglich negativen positive Remanenz ein. Wir sagen, in den Kern ist eine L eingeschrieben. Soll

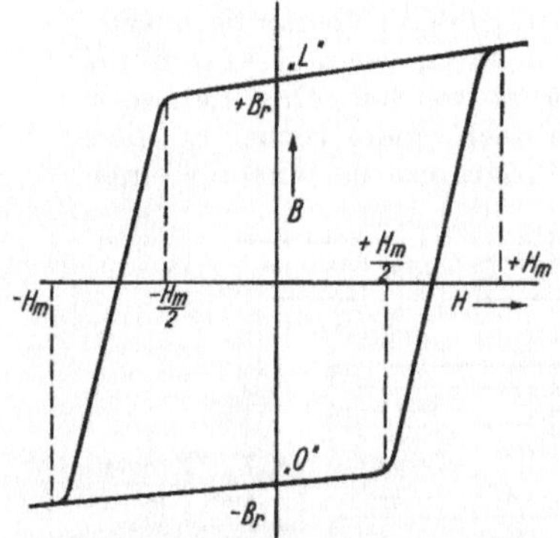

Bild 20. Hysteresiskurve der in der Rechenmaschinentechnik verwendeten Ferritkerne

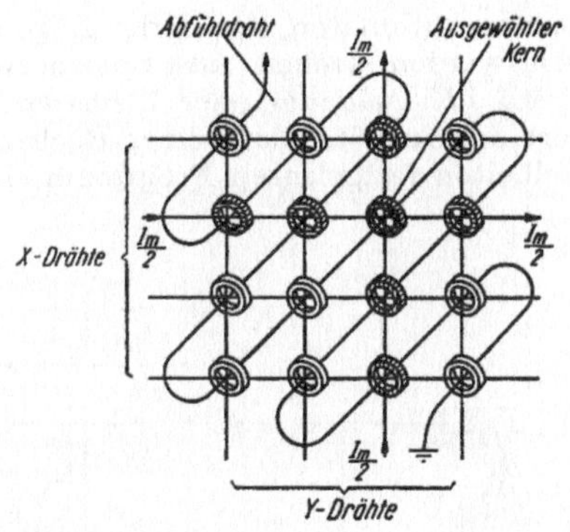

Bild 21. Ausschnitt aus einer Kernmatrix

eine O eingeschrieben werden, so wird einer der beiden Impulse $I_m/2$ unterdrückt, und der Kern speichert nach wie vor eine O. Zum Lesen wird durch jeden der beiden Schreib-Lese-Drähte je ein dem Schreibimpuls entgegengesetzt gerichteter Impuls $I_m/2$ geschickt. Diese erzeugen zusammen —H_m und bewirken, wenn der Kern eine L gespeichert hatte, einen Wechsel der Remanenz von $+B_r$ nach —B_r. Dadurch wird im Abfühldraht ein Spannungsimpuls induziert, der nach Verstärkung als L gedeutet werden kann. Hatte der Kern eine O gespeichert, so unterbleibt der Wechsel der Remanenz und damit auch der Spannungsimpuls. Nach dem Leseprozeß liegt der Kern im unteren Remanenzpunkt, unabhängig davon, ob er vorher eine O oder L gespeichert hatte, d. h., er speichert nach unserer Redeweise eine O. Deshalb ist grundsätzlich nach dem Lesen eine Neueinspeicherung erforderlich. Der Leseprozeß ist andererseits Voraussetzung für eine Neuaufnahme von Informationen. In der Zeitspanne zwischen Lesen und Wiedereinschreiben übernehmen Hilfsspeicher die ursprünglichen Informationen. Nun denken wir uns Kerne in der aus Bild 21 ersichtlichen Form zu einer sog. „Kernmatrix" vereint. Durch Auswahl des entsprechenden X- und Y-Drahtes ist es möglich, jeden Kern anzusteuern. Nur durch den Kern im Kreuzungspunkt zweier ausgewählter Drähte fließt beim Einschreiben einer L ein Stromimpuls von zweimal $I_m/2$ und erzeugt H_m. Durch die restlichen Kerne der ausgewählten X- und Y-Drähte fließt nur $I_m/2$ und bewirkt keine Änderung des Speicherinhalts. Entsprechend ist es beim Lesen. Obwohl der Abfühldraht alle Kerne der Matrix verbindet, induziert nur der ausgewählte Kern, falls er eine L speichert, einen Spannungsimpuls in ihm. Durch Zusammenschaltung mehrerer Kernmatrizen schaffen wir einen sog. *Speicherblock*, der zur Aufbewahrung von mehreren hundert Worten dient.

4.3. Leitwerk

4.3.1. Aufbau eines Leitwerkes

Zu einem Automaten, der in der Lage ist, Operationen selbständig auszuführen, werden Rechen- und Speicherwerk erst dann, wenn sie durch ein *Leitwerk (Kommando-* oder *Steuerwerk)* ergänzt werden. Das Leitwerk steuert den Arbeitsablauf einer Rechenanlage nach einem vorher in allen Einzelheiten festgelegten Programm. Dieses Programm besteht aus einer

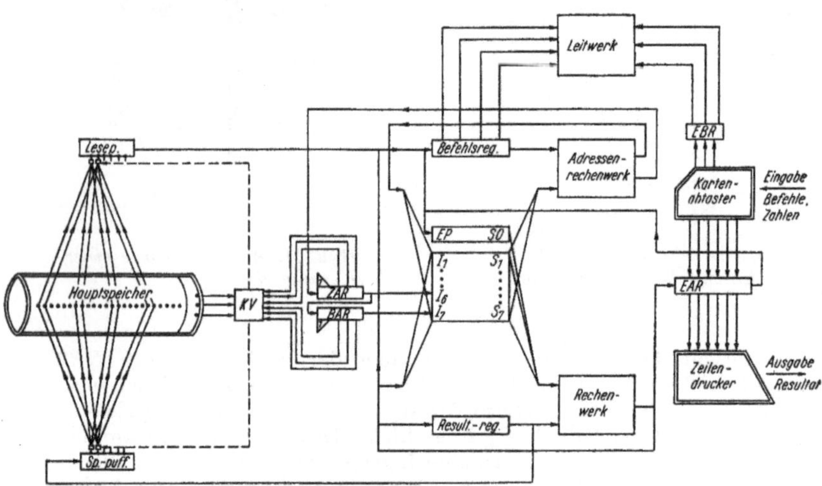

Bild 22. Vereinfachtes Blockbild des ZRA 1

Folge von Befehlen und ist in der Regel in einem Speicher bereitgestellt. Mit *Befehl (Befehlswort)* bezeichnen wir ein Maschinenwort (Bild 6), durch das die Anlage zur Ausführung einer oder mehrerer arithmetischer, logischer oder sonstiger Operationen veranlaßt wird. Es besteht aus einer Folge von N Bits. N ist in der Regel eine Maschinenkonstante und gibt die Wortlänge an, d. h. die Anzahl der Stellen (bits), die jedes Wort hat. Diese Anzahl muß keineswegs eine Konstante sein, sondern es wurden auch Rechenanlagen mit variabler Wortlänge konstruiert und gebaut, wie z. B. die IBM 705. Die maschinelle Realisierung eines Befehlswortes erfolgt wie die einer Zahl. Wir haben bereits im Abschn. 4.1.1. darauf hingewiesen, daß sich dabei verschiedene Techniken und Darstellungsarten als zweckmäßig erwiesen haben.

Die Leitwerke der einzelnen Rechenautomatentypen unterscheiden sich oft sehr grundlegend. Es ist deshalb schwierig, allgemein ihren Aufbau zu beschreiben. Im wesentlichen bestehen sie aus mehreren Registern, speziellen Rechenwerken, Dekodern und Taktgebern.

Die Register dienen zur Aufbewahrung der Befehlsworte, während der Zeitspanne ihrer Abarbeitung. Bei Serienmaschinen (s. Bild 22) geschieht in ihnen, falls erforderlich, die Umwandlung von der Serien- in die Paralleldarstellung. Im *Befehlsaufrufregister BAR* steht die Adresse der Speicherzelle, in der der auszuführende Befehl zu finden ist. Das *Zahlenaufrufregister ZAR* enthält die Adresse, die zur Speicheransteuerung auf Grund entsprechender Befehle erforderlich ist. *Indexregister* nehmen Parameter auf, die mit Hilfe des Adressenrechenwerkes zu Adressenänderungen verwendet werden können. Wie Bild 6 zeigt, besteht ein Befehlswort im wesentlichen aus zwei Teilen, dem *Operations-* und dem *Adressenteil*. Steht nun ein Befehlswort im Befehlsregister, so obliegt dem *Dekoder* die Entschlüsselung des Operationsteiles.

Umfaßt dieser N_0 Dualstellen, so ist im einfachsten Fall der Dekoder ein Netzwerk mit N_0 Eingängen und maximal 2^{N_0} Ausgängen. In Abhängigkeit von dem an den N_0 Eingängen liegenden Kode erscheint genau an dem diesem Kode zugeordneten Ausgang eine Information (Impuls oder Potential usw.). Diese Ausgänge sind mit entsprechenden Einrichtungen verbunden, die den Ablauf der befohlenen Operation steuern, d. h., das Leitwerk braucht nicht sämtliche Abläufe im Automaten unmittelbar zu steuern, sondern durchaus auch nur mittelbar. Es gibt oft nur ein Signal, das z. B. die Multiplikation (falls sie in verdrahteter Form vorliegt) nur auslöst. Ihre Steuerung übernimmt dann die Rechensteuerung des Rechenwerkes.

Durch den *Taktgeber* wird der Arbeitsrhythmus des Automaten festgelegt, d. h. die zeitliche Grundeinheit gesteuert. Dies kann die Ziffernzeit bei einer Serienmaschine sein. Dieser Taktgeber kann beispielsweise aus einem Impulsgenerator und mehreren Frequenzteilern bestehen. Diese steuern die anderen Zeiteinheiten der Maschine, wie Wortzeit, Operationszeiten usw. Handelt es sich beim Automaten um einen sog. Trommelrechner (d. h., der Arbeitsspeicher ist eine Magnettrommel), so sind auf der Magnettrommel oft sog. Steuerspuren untergebracht, die die Funktionen des Taktgebers übernehmen (s. Bild 19). Taktgeber sind unentbehrlich bei den *Synchronsteuerungssystemen*. Bei diesen wird für die Ausführung einer jeden einzelnen elementaren Operation (aus denen sich die arithmetischen, logischen und sonstigen Operationen zusammensetzen) eine bestimmte Zeitdauer vorgesehen (Vielfaches der zeitlichen Grundeinheit). Nach dem Ablauf derselben geht der Automat zur nächsten Operation über.

Bei den *asynchronen Rechnern* wird für jede einzelne elementare Operation nur so viel Zeit zur Verfügung gestellt, wie aus physikalisch-technischen Gründen nötig ist. Zur Ausführung der nächsten Operation wird erst dann übergegangen, wenn das Signal, das die Beendigung der vorhergehenden Operation anzeigt, eingetroffen ist. Der zeitlich starre Ablauf der synchronen Steuerung wurde damit durch einen elastischen bei der asynchronen ersetzt.

Einleitend wiesen wir darauf hin, daß die Steuerung von Rechenprozessen nach den Anweisungen eines Programms geschieht. Mit Programmen und ihrer Herstellung wollen wir uns nun beschäftigen.

4.3.2. Programm

4.3.2.1. Von der Formulierung der Aufgabe zu ihrer Lösung

Mit den folgenden Darstellungen soll ein Überblick gegeben werden über den Weg, der von einem vorgelegten Problem über eine Reihe von Zwischenstationen zur Lösung desselben führt. Dabei wollen wir uns auf wissenschaftlich-technische Aufgabenstellungen beschränken und zuerst den zu behandelnden Ablauf schematisch fixieren. Die einzelnen Etappen werden durch Kästchen symbolhaft festgehalten und anschließend besprochen.

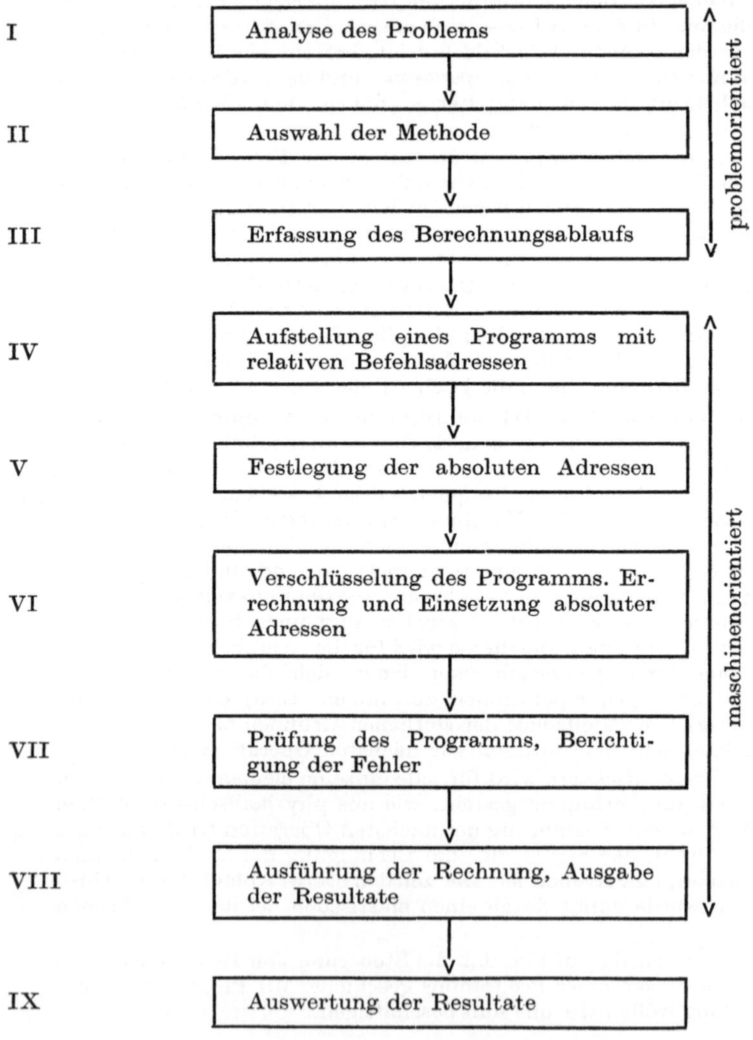

Die erste Phase (I) der Bearbeitung eines vorgelegten Problems (einige
Beispiele sind im Abschn. 6. angeführt) umfaßt die Analyse der Aufgabe
vom Standpunkt der Mathematik und der Physik.

Kompliziertere physikalische Erscheinungen lassen sich nicht völlig exakt
mathematisch erfassen, da gewöhnlich so viele Nebeneinflüsse auftreten,
daß unser gesamter moderner mathematischer Apparat nicht ausreicht,
sie darzustellen. Es ist daher erforderlich, gewisse Vereinfachungen vorzunehmen und die Erscheinung nur angenähert zu beschreiben. Bestimmte
Teile derselben, die wesentlich sind, werden dadurch in den Mittelpunkt
gerückt und die übrigen, weniger bedeutenden, vernachlässigt. Das System
der mathematischen Ausdrücke, die bestimmte Seiten des Verhaltens einer
physikalischen Erscheinung wiedergeben, nennen wir ein *mathematisches
Modell* derselben. Zwischen diesem und der Realität ist nur eine Ähn-
lichkeit, keine Übereinstimmung vorhanden. Der Grad der Annäherung
des Verhaltens des Modells an die Wirklichkeit hängt u. a. ab vom Umfang des verwendeten mathematischen Apparates und im entscheidenden
Maße davon, wie genau wir das zu untersuchende Objekt kennen. Es sind
deshalb in der Regel sehr viele Überlegungen erforderlich, bis das Ergebnis
der Phase I, die Formulierung der Aufgabe in mathematischer Sprache —
das mathematische Modell —, vorliegt. In der zweiten Phase (II) erfolgt
die Auswahl geeigneter mathematischer Verfahren und Geräte zur Lösung
der Aufgabe. Die diesbezüglichen Entscheidungen müssen u. a. berücksichtigen: Anforderungen an die Genauigkeit, Eigenschaften der zum
Einsatz gelangenden mathematischen Geräte und Fragen der wirtschaft-
lichsten Lösung der Aufgabe.

Wir nehmen nun an, die vorliegende Aufgabe rechtfertige den Einsatz
eines programmgesteuerten Ziffernrechenautomaten; dann beginnen mit
Phase III die Vorbereitungen zur Herstellung eines Programms, die zu
einem sog. Strukturdiagramm führen. Mit der Aufstellung desselben beschäftigen wir uns im Abschn. 4.3.2.2.

Anschließend besprechen wir im Abschn. 4.3.2.3. die Phasen IV bis VII
und im Abschn. 4.3.3. die Phase VIII. Die Ausgabe der Resultate hängt
mit den Ausgabegeräten zusammen, denen Abschn. 4.4. gewidmet ist.

Mit der Entgegennahme der fixierten Resultate beginnt schließlich wieder
eine Phase (IX), wo — nach dem derzeitigen Stand der Technik — kein
Automat zum Einsatz gelangen kann, die ausschließlich dem kritischen
Verstand des Menschen vorbehalten ist.

4.3.2.2. Strukturdiagramm

Im folgenden beschäftigen wir uns mit den Grundlagen der Programmierung, bei der es ausschließlich um die Planung und Erfassung bestimmter
Abläufe geht, die zu genau formulierbaren und gewünschten Resultaten
bzw. Zielen führen. Wir setzen keinen speziellen Kode einer Maschine
voraus, sondern wollen die logischen Konzeptionen erarbeiten, die den sog.
Maschinenprogrammen zugrunde liegen. Wir werden es daher einfach nur
mit Abläufen zu tun haben, ganz gleich, ob dieselben aus Problemkreisen
des Ingenieurs, Kaufmanns oder Mathematikers stammen. Diese gewisser-
maßen vorbereitenden Arbeiten sind nützlich für jede umfangreiche Berechnung, gleichgültig, ob sie nachher mit Tischrechenmaschinen oder

programmgesteuerten Rechenautomaten ausgeführt werden. Dabei kommen wir mit der vertrauten mathematischen Symbolik nicht aus, sondern müssen im Bedarfsfall neue Symbole einführen. Diese Erfassung von Abläufen soll an einfachen Beispielen durchgeführt und dabei erläutert werden.

Beispiel 1

Die folgende Determinantenberechnung ist in Form eines Strukturdiagramms zu erfassen.

$$\begin{vmatrix} \overline{a} & \overline{b} \\ \overline{c} & \overline{d} \end{vmatrix} = \overline{a}\,\overline{d} - \overline{b}\,\overline{c} = \overline{D} \,.$$

Die Ausführung dieser Berechnung verlangt folgende Tätigkeiten:

1. Produktbildung $\overline{a} \cdot \overline{d}$,
2. Produktbildung $\overline{b} \cdot \overline{c}$ und
3. Subtraktion der Produkte in der richtigen Reihenfolge.

Zur Darstellung dieses Ablaufs verwenden wir Kästchen, die die Durchführung einer arithmetischen oder logischen Operation symbolhaft festhalten und folgende Gestalt haben:

$$\boxed{\overline{a} \cdot \overline{d} \Rightarrow P_1} \quad , \quad \boxed{\overline{b} \cdot \overline{c} \Rightarrow P_2} \quad , \quad \boxed{P_1 - P_2 \Rightarrow \overline{D}} \quad .$$

Diese Kästchen enthalten ein neues Symbol $\Rightarrow$, das wir *Ergibtzeichen* nennen wollen. Es tritt an die Stelle des sonst üblichen Gleichheitszeichens $=$, wenn nicht nur eine Gleichheit der rechten und linken Seite ausgedrückt werden soll, sondern wenn wir darüber hinaus andeuten wollen, daß die rechte Seite sich als Resultat der auf der anderen Seite stehenden Operation ergibt. Gleichungen dieser Art sollen im folgenden *Plangleichungen* genannt werden. Kästchen, die solche Plangleichungen erfassen, nennen wir *Plangleichungskästchen*. Mit ihrer Hilfe kann der Ablauf der Determinantenberechnung in Form des folgenden Diagramms erfaßt werden:

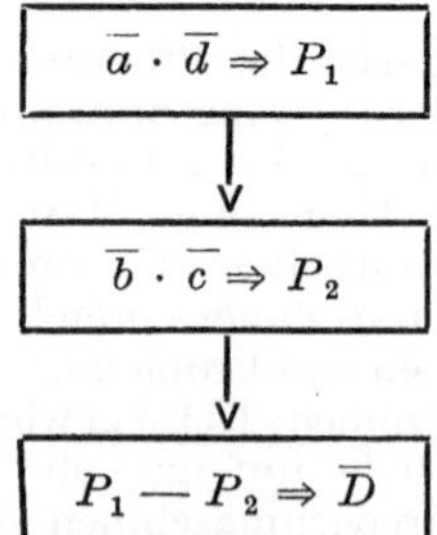

Die Pfeile geben die Richtung des Ablaufs an und drücken damit symbolhaft aus, daß es sich bei diesem Diagramm um -das Abbild eines gerichteten Prozesses handelt. Das vorliegende Strukturdiagramm kann nun die Grundlage bilden für die Aufstellung eines Programms, nach dem der Automat die Berechnung durchführt.

Beispiel 2

In 1000 aufeinanderfolgenden Zellen des Arbeitsspeichers wurden Zahlen untergebracht, deren Summe zu bilden ist. Die Zahlen seien allgemein mit a_i ($i = 1, 2, \ldots, 1000$) bezeichnet. Gesucht ist die Summe S.

Zur Lösung dieser Aufgabe sind als arithmetische Operationen nur Additionen erforderlich. Unter Verwendung der bereits eingeführten Planglei-chungskästchen kann der Prozeß der Berechnung durch die Aufeinanderfolge von 999 gleichartigen Operationskästchen beschrieben werden.

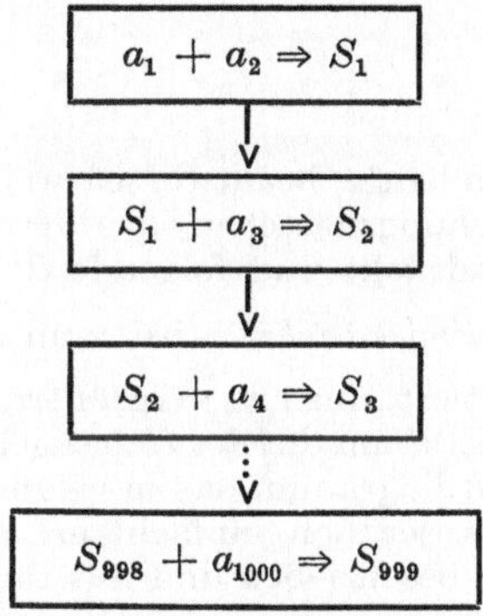

Wie bereits die Darstellung zeigt, nimmt allein das Hinschreiben derselben schon sehr viel Zeit in Anspruch und erweckt in uns den Wunsch, nur wirklich Wesentliches aufzeichnen zu müssen. Die Betrachtung des Diagramms lehrt, daß mit Ausnahme des ersten alle Kästchen gleichartig sind und ausdrücken, daß zum Resultat der vorangegangenen Berechnung eine Zahl a_i zu addieren ist. Die Ausführung dieses Prozesses ergibt eine neue Summe, die wiederum Ausgangspunkt für eine weitere Berechnung ist, die durch das folgende Kästchen beschrieben wird. Die genannten Kästchen haben alle die Gestalt $\boxed{S + a_i \Rightarrow S}$. Sie sagen aus, daß durch Addition von a_i zu S sich der neue Wert der Summe S ergibt. Der Anfang unseres Diagramms läßt sich ebenfalls mit derartigen Kästchen erfassen, wenn wir noch ein neues einführen und voranstellen. Bei diesem Plangleichungskästchen handelt es sich um ein sog. *Zuordnungskästchen*. Es unterscheidet sich von dem bis jetzt benutzten Operationskästchen dadurch, daß es nicht die Ausführung einer Operation verlangt, sondern eine Konstante, in unserem Beispiel die 0, einer anderen Größe, die in einem gewissen Sinne variabel ist, zuordnet: $\boxed{0 \Rightarrow S}$. Nach Durchlaufen dieses Zuordnungskästchens hat unsere Summe S den Wert 0. Es schließt sich das Kästchen

$\boxed{S + a_1 \Rightarrow S}$ an, wodurch S den Wert a_1, nach dem folgenden

$\boxed{S + a_2 \Rightarrow S}$ den Wert $a_1 + a_2$, dann $a_1 + a_2 + a_3$, $a_1 + a_2 + a_3 + a_4$

usw. annimmt. Der Prozeß ist dann beendet, wenn S den Wert angenommen hat, der der Summe der 1000 Zahlen entspricht. Bei genauerer Betrachtung stellen wir fest, daß dieser Vorgang als ein Zyklus aufgefaßt werden kann, ein Umstand, dem wir auch durch eine entsprechende Darstellung Rechnung tragen wollen. Bei der Erfassung dieses zyklischen Prozesses bereitet uns die Beendigung desselben noch gewisse Schwierigkeiten. Wir wollen diese dadurch überbrücken, indem wir *Alternativkästchen* einführen, die eine Frage zum Ausdruck bringen, die nur entweder mit Ja oder mit Nein beantwortet werden kann. Im Hinblick auf die Lösung der vorgelegten Aufgabe hat dieses Kästchen den Inhalt:

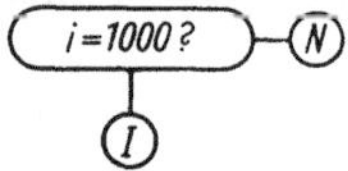

Die gestellte Frage kann in jedem Fall eindeutig beantwortet werden. Schließlich benötigen wir noch ein Plangleichungskästchen, das die Substitution einer Größe durch eine andere ausdrückt und folgende Gestalt hat: $\boxed{i + 1 \Rightarrow i}$. Durch dieses *Substitutionskästchen* wird zum Ausdruck gebracht, daß der Wert, den i repräsentiert, um 1 zu vergrößern und dieser um 1 vergrößerte Wert im folgenden wiederum durch i zu bezeichnen ist. Damit sind wir in der Lage, das Strukturdiagramm, das ursprünglich 999 Plangleichungskästchen umfaßte, in wesentlich einfacherer Form wiederzugeben. Der Prozeß wird vollständig beschrieben und das für ihn Typische deutlich herausgestellt.

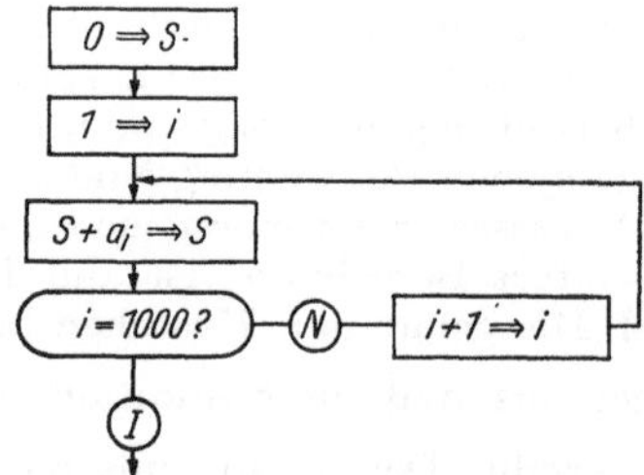

Die Schleife in diesem Diagramm drückt aus, daß ein bestimmter Teilvorgang wiederholt durchgeführt wird, allerdings jeweils mit veränderten Voraussetzungen. Die Summe S hat vor jedem Durchlauf einen anderen Wert, ebenso der zweite Summand a_i. Der Zyklus wird dann verlassen, wenn die Frage mit Ja beantwortet wird, d. h. die gesuchte Summe errechnet ist. Falls wir eine Abspeicherung des Resultates verlangen, so verwenden wir die Symbolik $S \Rightarrow \langle SpZ \rangle$, d. h., die Summe S ergibt den Inhalt einer vorgegebenen Speicherzelle *SpZ*. *Organisatorische Kästchen*

weisen auf den Anfang und das Ende des Ablaufs hin. Bevor wir das fertige Diagramm fixieren, nehmen wir noch eine geringfügige Verallgemeinerung der Aufgabenstellung vor. Wir verlangen nicht mehr die Summierung von 1000, sondern allgemein von n Zahlen, wobei wir unter n eine natürliche Zahl verstehen. Das fertige Diagramm gibt Bild 23 wieder.

Beispiel 3

Um die Zahl $e = \sum_{n=0}^{\infty} \frac{1}{n!}$ näherungsweise zu berechnen, verwenden wir die ersten 15 Glieder dieser Reihe. Gesucht ist wieder ein Strukturdiagramm des Rechenablaufs.

Die Lösung der vorgelegten Aufgabe verlangt erstens die Erzeugung von $0!, 1!, 2!, \ldots$, zweitens die Bildung der Quotienten $\frac{1}{0!}, \frac{1}{1!}, \frac{1}{2!}, \ldots$ und drittens ihre Summierung. Es liegt auf der Hand, die einzelnen Arbeiten in der angegebenen Reihenfolge auszuführen. Doch damit würden wir

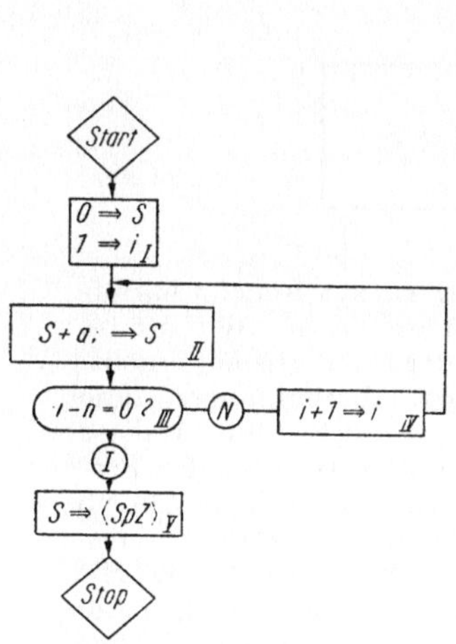

Bild 23. *Strukturdiagramm zur Aufgabe : Summierung von n Zahlen*

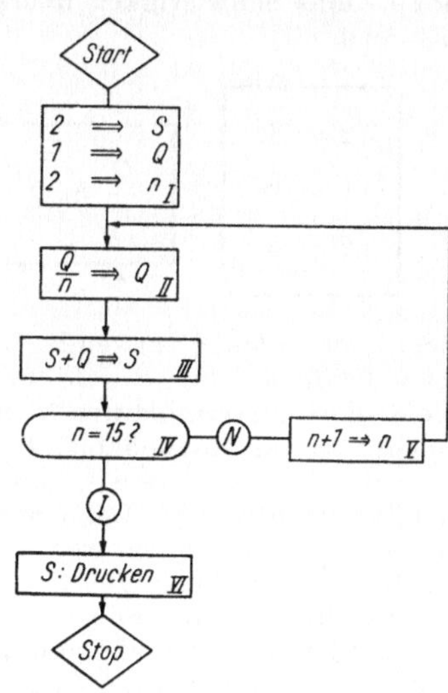

Bild 24. *Strukturdiagramm zur Berechnung von e*

keineswegs zu einem Programm geführt, das die Eigenschaften von Rechenautomaten entsprechend berücksichtigt. Wir gehen daher einen anderen Weg. Wir rufen uns zuerst die Definition von $n! = 1 \cdot 2 \cdot 3 \cdot \ldots \cdot n$ ins Gedächtnis.

Durch Multiplikation prüfen wir die Richtigkeit der Formel $n! = (n-1)! \, n$ nach, die sofort $\frac{1}{n!} = \frac{1}{(n-1)!} \cdot \frac{1}{n}$ nach sich zieht. Wenn Q ein Glied dieser Reihe ist, so ist $\dfrac{Q}{n}$ das folgende. Die Summierung kann wie beim vorangegangenen Beispiel erfolgen, indem sich bei jedem Durchlauf die neue Summe aus der alten durch Addition eines Gliedes ergibt. Die Schleife ist so oft zu durchlaufen, wie die Frage „$n = 15$?" mit Nein beantwortet wird. Sobald dieselbe bejaht wird, liegt das gewünschte Resultat vor und kann dann entweder gedruckt oder für eine weitere Verarbeitung gespeichert werden. Damit gelangen wir zu dem Diagramm Bild 24, bei dem der Rechenprozeß erst mit der Erzeugung des dritten Gliedes beginnt. Die ersten beiden Glieder wurden bereits zur Summe $S = 2$ zusammengefaßt ($0! = 1$).

Beispiel 4

Die Zahl $e = \sum\limits_{n=0}^{\infty} \dfrac{1}{n!}$ ist näherungsweise auf zehn Dezimalstellen genau zu berechnen.

Auch bei diesem Beispiel geht es wieder um die näherungsweise Berechnung der Zahl e. Ohne Schwierigkeit überzeugen wir uns davon, daß die Operationskästchen

$$\boxed{\begin{array}{c} 2 \Rightarrow S \\ 1 \Rightarrow Q \\ 2 \Rightarrow n \end{array}} \quad , \quad \boxed{\dfrac{Q}{n} \Rightarrow Q} \quad , \quad \boxed{S + Q \Rightarrow S}$$

auch bei dieser Aufgabe verwendet werden können. Am zyklischen Charakter dieses Prozesses dürfte sich auch nichts geändert haben. Wie oft ist aber die Schleife zu durchlaufen? Die Antwort lautet: Wir wissen es nicht. Abgesehen von der Möglichkeit, daß wir durch sog. Abschätzungen diese Anzahl errechnen, wollen wir vom Automaten verlangen, daß er diese Frage selbst beantwortet. Dazu muß ihm durch ein entsprechendes Programm Gelegenheit gegeben werden. Nun haben wir in noch keiner Form die Angabe über die Genauigkeit berücksichtigt. Bei unserem Berechnungsprozeß wird durch S eine Folge von Näherungswerten von e geliefert. Mit jedem Durchlauf der Schleife kommt ein neuer Wert zur Folge 2; 2,5; 2,6; 2,708; 2,716; ... hinzu. Eine Zahl dieser Folge gibt nun e auf zehn Stellen genau an, wenn von ihr ab bei allen folgenden Gliedern die ersten zehn Stellen übereinstimmen. Vermindern wir eine dieser Zahlen um die vorhergehende, so muß die Differenz kleiner als 0,000000001 sein. Anderenfalls stimmen die ersten Ziffern dieser Zahlen nicht überein. Damit können wir nun bei unserem Beispiel ein Kriterium aufbauen. Wir bilden die Differenz zwischen dem errechneten Näherungswert und dem vorangehenden und bezeichnen diese mit d. Die Frage „$d - 10^{-9} < 0$?" kann entweder mit Ja oder mit Nein beantwortet werden. Solange sie mit Nein beantwortet wird, ist die gewünschte Genauigkeit noch nicht erreicht, und ein weiteres Glied der Reihe muß berechnet und addiert werden. In diesem Zusammenhang tritt noch eine weitere Schwierigkeit auf. Beim Beispiel 3 traten im Zyklus sowohl das alte als auch das neue S auf. Eine unterschiedliche Kennzeichnung erübrigte sich, da sich das eine aus dem anderen operativ ergab und letzteres in der Folge nicht mehr verwendet wurde. Zur Bildung der Differenz d benötigen wir nach der Addition $S + Q \Rightarrow S$ sowohl den alten

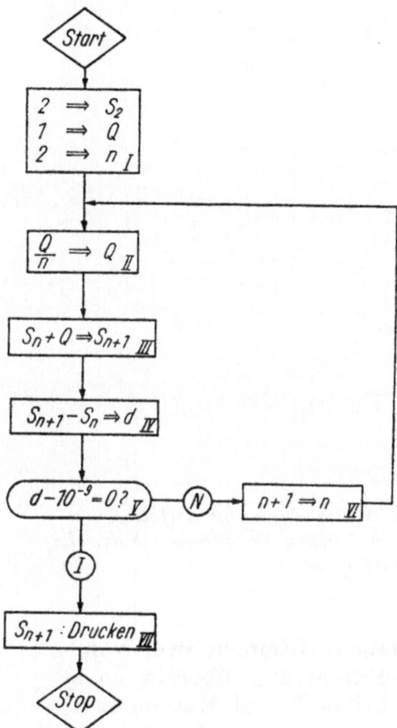

Bild 25. Strukturdiagramm zur Berechnung von e

als auch den neuen Wert von S. Deshalb wollen wir dieselben durch verschiedene Indizes kenntlich machen, was im oben angeführten ersten und dritten Operationskästchen berücksichtigt werden muß. Somit gelangen wir zu dem Diagramm Bild 25.

Beispiel 5

Es ist eine reelle Wurzel der kubischen Gleichung $0,02\,x^3 - 0,05\,x^2 - x + 1,2 = 0$ durch Iteration zu bestimmen.

Zur Berechnung der gesuchten Wurzel schlagen wir folgenden Weg ein: Durch eine einfache Umformung erhalten wir aus der vorgelegten Gleichung die Beziehung $x = 0,02\,x^3 - 0,05\,x^2 + 1,2$, deren rechte Seite wir abkürzend mit $\varphi\,(x)$ bezeichnen. Setzen wir in $\varphi\,(x)$ für x den Näherungswert x_γ ein, so können wir damit den neuen Näherungswert $x_{\gamma+1}$ bestimmen. Dieses $x_{\gamma+1}$ kann nun seinerseits wieder zum Ausgangspunkt einer neuen Berechnung gemacht werden.

In unserem Beispiel soll der Iterationsprozeß mit dem Anfangswert $x_0 = 1$ beginnen. Er sei dann beendet, wenn in der Gleitkommadarstellung die Mantisse auf neun Dezimalstellen genau berechnet ist. Der Einfachheit halber sollen in dem verwendeten Automaten die Mantissen der Zahlen

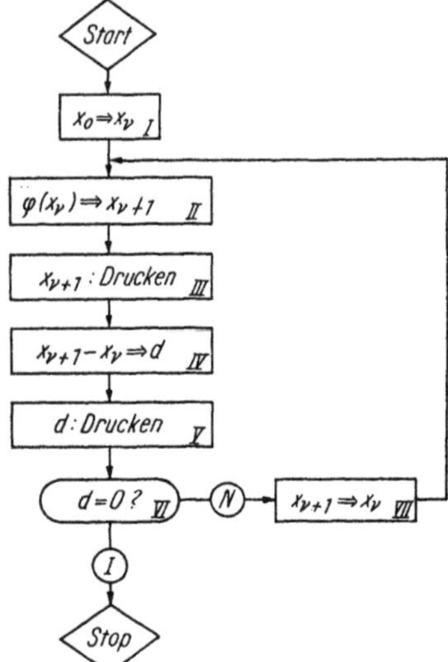

Bild 26. Strukturdiagramm zur Aufgabe: Eine reelle Wurzel eines Polynoms ist durch Iteration zu bestimmen

ebenfalls die Länge von neun Dezimalstellen haben. Stimmen zwei Näherungswerte in ihren neun Mantissenstellen und Exponenten überein, so ist ihre Differenz gleich der Gleitkommanull (Mantisse 0 und Exponent 1) der Maschine. Diesen Umstand machen wir uns zunutze. Um das Geschehen in der Maschine besser verfolgen zu können, wird außerdem der Druck der Näherungswerte und ihrer Differenzen befohlen (s. Bild 26 und 33).

4.3.2.3. Maschinenprogramm

Nach der Fertigstellung des Strukturdiagramms kann das Maschinenprogramm für den Automaten hergestellt werden, der die Rechnungen durchführen soll.

Jedem Entwurf eines Rechengerätes liegt eine bestimmte Befehlsliste zugrunde, die alle Befehle enthält, mit denen arithmetische, logische und sonstige Operationen ausgeführt werden können. In der Gleichung $a + b \Rightarrow c$ treten die beiden Operanden a, b, das Resultat c und die Verknüpfungsoperation $+$ auf. Soll diese Plangleichung in Form eines Befehls dem Rechenautomaten mitgeteilt werden, so werden in demselben zwei verschiedene Arten von Informationen unterzubringen sein. Die eine bezieht sich auf die Operanden und das Resultat, die andere auf die Operation. Dabei werden die Operanden keineswegs etwa wertmäßig angegeben, sondern nur die Adressen ihrer Speicherzellen benannt. Nur auf dem Umweg

über diese Adressen können die Operanden einer Verarbeitung, deren
Charakter durch die zweite Art von Informationen spezifiziert wird, zu-
geführt werden. Den unterschiedlichen Inhalt der Informationen berück-
sichtigend, unterteilen wir das Befehlswort in einen *Operations-* und einen
Adressenteil. Während der erstgenannte Teil in der Regel eine Operation
aufnimmt, können im letzteren eine, zwei, drei, vier oder gar fünf Adressen
untergebracht sein. Eine Zusammenstellung der gebräuchlichsten Adressen-
systeme zeigt Bild 27. Beim Fünfadreßsystem werden die Adressen der

Kode der 1. Adresse	Kode der 2. Adresse	Kode der 3. Adresse	Kode der 4. Adresse	Kode der 5. Adresse	Beispiele von Maschinen mit
Adresse	Adresse	Ziel-adresse	Adresse	Adresse der Alternative des nächsten Befehls	5-Adreß-System: SAPO
des	des zweiten	des	des nächsten Befehls		4-Adreß-System: OPREMA
ersten	Operan-den	Resultats			3-Adreß-System: BESM
Operan-den	Adresse d. 2. Operanden, d. Zieladresse des Resultates				2-Adreß-System: IBM 305
Adresse	Adresse des nächsten Befehls				(1 + 1)-Adreß-System UC T-REMINGTO N-RAND
eines Operan-den oder leer					1-Adreß-System: ZRA 1

*Bild 27. Zusammenstellung von Adressensystemen, die bei Rechenautomaten ver-
wendet werden*

beiden Operanden, des Resultates, der Zelle, wo der nächste abzuarbeitende
Befehl und eine Alternative desselben steht, angegeben. In Abhängigkeit
davon, ob eine Alternative im Programm mit Ja oder Nein beantwortet
wird, gelangt entweder der durch Adresse 4 oder durch Adresse 5 bezeich-
nete Befehl zur Ausführung. Nun sind Alternativen meist nur in einer
relativ geringen Anzahl im Programm vorhanden, die fünfte Adresse ist
daher oft leer.

Bei der Konstruktion einer Maschine können wir festlegen, daß das Programm stets in aufeinanderfolgenden Zellen zu speichern sei. Das Leitwerk muß dann aber so beschaffen sein, daß bei der Abarbeitung der Befehle nach dem in der Zelle n stehenden derjenige aus der Zelle $n + 1$ folgt. Durch einen sog. Sprungbefehl soll es möglich sein, diese lineare Folge der Befehlsabarbeitung zu unterbrechen und mit einer vorgegebenen Zelle wieder fortzusetzen. Die vierte und die fünfte Adresse kommen damit zum Wegfall, und wir werden zum Dreiadreßsystem geführt. In Tafel 3 stellen wir einige Befehle der Dreiadreßmaschine BESM II zusammen.

Wir gingen davon aus, die Plangleichung $a + b \Rightarrow c$ in Form eines Befehls dem Automaten mitzuteilen. Das Dreiadreßsystem schien dafür wie geschaffen zu sein. Denkbar wäre es, daß wir die Angaben $+$, $\rangle a \langle$, $\rangle b \langle$ und $\rangle c \langle$ nicht alle gleichzeitig, d. h. parallel, mitteilen, sondern in Serie. Die Gleichung $a + b \Rightarrow c$ würde dann durch vier oder mehr Einadreßbefehle realisiert. Eine Verlängerung des Programms um einen Faktor $\geqq 3$ und eine Vergrößerung des benötigten Speichervolumens wäre die Folge. Bei einer genaueren Betrachtung stellen wir aber fest, daß diesen Nachteilen auch Vorteile gegenüberstehen. So ist z. B. der konstruktive Aufwand für das Leitwerk niedriger und das Befehlssystem flexibler. (Mit dem Einsatz von Magnetkernspeichern traten diese Einadreßmaschinen immer mehr in den Vordergrund.)

Beim Einadreßsystem sind gegenüber dem vorher behandelten die Transportbefehle neu hinzugekommen. Sie veranlassen die Überführung von Informationen aus den Zellen des Arbeitsspeichers in die Register des Rechenwerkes oder in die Zellen eines Schnellspeichers. Aber auch für den Transport in umgekehrter Richtung müssen Befehle vorgesehen sein. Um die Unterschiede[1]) zwischen Dreiadreß- und Einadreßsystem besser deutlich werden zu lassen, beschreiben wir kurz die Befehlskode von zwei Einadreßmaschinen.

Der Freiburger Kode der Z 22

Innerhalb der Z 22 wird ein rein dualer Befehlskode benutzt, den wir Internkode nennen wollen. Er ist so aufgebaut, daß jede Dualstelle eines Befehls nur eine sog. Elementaroperation auslöst. Dazu gehören Addieren, Komplement bilden, $\langle$Resultatregister$\rangle$ abspeichern, Befehl bedingt ausführen usw.

Diese Elementaroperationen können in sinnvollen Kombinationen auch gleichzeitig ausgeführt werden. Aus diesem Internkode wurde für den Benutzer ein Externkode (Freiburger Kode) geschaffen, der für denselben bedeutende Erleichterungen bringt und im folgenden beschrieben wird. Aus einem Programm, das in diesem Externkode geschrieben ist, stellt die Maschine mit Hilfe eines speziellen Programms (Leseprogramm) das eigentliche Berechnungsprogramm (im Internkode) her.

Wir beschränken uns auf die für die Beispiele benötigten Befehle. Als Arbeitsspeicher fungiert ein Trommelspeicher. Außerdem ist ein Ferritkernspeicher als Schnellspeicher vorhanden. Die Zelle 4 desselben ist gleichzeitig Operanden- bzw. Resultatregister und die Zelle 6 Operandenregister des Rechenwerkes (s. Tafel 4).

---

[1]) Dabei ist es bedeutungslos, daß diese Automatentypen bereits durch leistungsfähigere Anlagen abgelöst wurden. Ebensogut könnten diesen Ausführungen drei gedachte Automaten zugrunde gelegt werden.

Tafel 3. Befehlsliste der BESM II

Lfd. Nr.	Ope-ration	1. A	2. A	3. A	Beschreibung der Operation
1	+	$\rangle$a$\langle$	$\rangle$b$\langle$	$\rangle$c$\langle$	(Addition) a + b $\Rightarrow$ c
2	—	$\rangle$a$\langle$	$\rangle$b$\langle$	$\rangle$c$\langle$	(Subtraktion) a — b $\Rightarrow$ c
3	$\times$	$\rangle$a$\langle$	$\rangle$b$\langle$	$\rangle$c$\langle$	(Multiplikation) a · b $\Rightarrow$ c
4	:	$\rangle$a$\langle$	$\rangle$b$\langle$	$\rangle$c$\langle$	(Division) a : b $\Rightarrow$ c
5	+E	$\rangle$a$\langle$	$\rangle$b$\langle$	$\rangle$c$\langle$	(Exponentenaddition) Exp(a) + Exp(b) $\Rightarrow$ Exp(c), M(a) $\Rightarrow$ M(c)
6	—E	$\rangle$a$\langle$	$\rangle$b$\langle$	$\rangle$c$\langle$	(Exponentensubtraktion) Exp (a) — Exp(b) $\Rightarrow$ Exp(c), M(a) $\Rightarrow$ M(c)
7	ÄE	$\rangle$a$\langle$	z	$\rangle$c$\langle$	(Änderung des Exponenten laut Adresse) Exp(a) + z $\Rightarrow$ Exp(c), M(a) $\Rightarrow$ M(c)
8	Ü	$\rangle$a$\langle$	—	$\rangle$c$\langle$	(Zahlenübertragung mit Normalisierung) a normalis. $\Rightarrow$ c
9	ÜD	$\rangle$a$\langle$	d		(Druck) Die Zahl, deren Zellennummer in der ersten Adresse steht, wird gedruckt. d = LOOOOOOOOO
10	|Ü|	$\rangle$a$\langle$		$\rangle$c$\langle$	(Zahlenübertragung nach dem absoluten Betrag) | a | $\Rightarrow$ c
11	↓	$\rangle$a$\langle$	.	$\rangle$c$\langle$	(Exponent als Zahl) Exp(a) $\Rightarrow$ c
12	←	$\rangle$a$\langle$	z	$\rangle$c$\langle$	(Verschiebung der Mantisse) M(a) versch. $\Rightarrow$ M(c), O $\Rightarrow$ Exp(c), sgn a $\Rightarrow$ sgn c
13	+A	$\rangle$a$\langle$	$\rangle$b$\langle$	$\rangle$c$\langle$	(Adressenaddition) M(a) + M(b) $\Rightarrow$ M(c), Exp(a) $\Rightarrow$ Exp(c)
14	<	$\rangle$a$\langle$	$\rangle$b$\langle$	c	(Vergleich zweier Zahlen) Wenn a < b, so wird als nächster der Befehl ausgeführt, dessen Zellennummer c ist, anderenfalls der der laufenden Zellennummer nach nächste Befehl.
15	=	$\rangle$a$\langle$	$\rangle$b$\langle$	c	(Identitätsvergleich) Wenn a = b, so wird der Nummer nach nächste Befehl ausgeführt, ansonsten der in Zelle c.
16	ÜLS	—	—	—	(Übergang zur lokalen Steuerung) Es wird von der zentralen zur lokalen Befehlssteuerung übergegangen. Die Befehlsabarbeitung beginnt mit der Zelle, deren Nummer im Zähler der lokalen Steuerung steht.
17	ÄLS			c	(Änderung des Zählers der lokalen Steuerung) Wenn die Arbeit auf der zentralen Steuerung ausgeführt wurde, so geht sie zur lokalen Steuerung über. Der Befehl in der Zelle mit der Nummer c wird als erster von der lokalen Steuerung abgearbeitet. Wurde die Arbeit bereits auf der lokalen Steuerung ausgeführt, so wird sie mit dem Befehl in Zelle c fortgesetzt.

Abkürzungen:

M(a) Mantisse, Exp(a) Exponent der Zahl a, $\rangle$a$\langle$ Adresse der Zelle, welche die Zahl a enthält.

Tafel 4. Befehlsliste der Z 22 (Freiburger Kode)

Abkürzungen: RR: Resultatregister, s: Schnellspeicheradresse, t: Trommelspeicheradresse, m: beliebige Adresse, k′: ganze Zahl, $\langle m \rangle$:
Inhalt der Zelle m.

Lese- und Speicherbefehle:

1	BM	:	$\langle m \rangle \Rightarrow \langle RR \rangle$	1a CBk	: $\quad k′ \Rightarrow \langle RR \rangle$
2	NSm	:	$-\langle m \rangle \Rightarrow \langle RR \rangle$	2a CNSk	: $\quad -k′ \Rightarrow \langle RR \rangle$
3	Um	:	$\langle RR \rangle \Rightarrow \langle RR \rangle \wedge \langle m \rangle$	4 Tm	: $\langle RR \rangle \Rightarrow \langle m \rangle$, $\quad 0 \Rightarrow \langle RR \rangle$

Rechenbefehle für Gleitkommazahlen:

5 $+$: $\langle 6 \rangle + \langle RR \rangle \Rightarrow \langle RR \rangle \wedge \langle 6 \rangle$ 8 M : $-\langle RR \rangle \Rightarrow \langle RR \rangle \wedge \langle 6 \rangle$

6 $-$: $\langle 6 \rangle - \langle RR \rangle \Rightarrow \langle RR \rangle \wedge \langle 6 \rangle$ 9 W : $\sqrt{\langle RR \rangle} \Rightarrow \langle RR \rangle \wedge \langle 6 \rangle$

7 $\times$: $\langle 6 \rangle \times \langle RR \rangle \Rightarrow \langle RR \rangle \wedge \langle 6 \rangle$

Sprungbefehle:

10 Ed : Sprung nach d
11 Fd : Sprung nach d mit Speichern des Rücksprungbefehls in 5

12 Eo + 1 : vom Lochstreifen einlesen

Bedingte Befehle:

13 PP (Befehl) Bedingung : $\langle RR \rangle \geqq 0$?
14 QQ (Befehl) Bedingung : $\langle RR \rangle < 0$?
15 PPQQ (Befehl) Bedingung : $\langle RR \rangle = 0$?

Bei nichterfüllten Bedingungen wird der angegebene Befehl übersprungen. Auch mehrfach bedingte Befehle sind möglich.

Adressenänderungen und Zählbefehle:

16 Am : $\langle RR \rangle + \langle m \rangle \Rightarrow \langle RR \rangle$ 16a Sm : $\langle RR \rangle - \langle m \rangle \Rightarrow \langle RR \rangle$
17 CAk : $\langle RR \rangle + k′ \Rightarrow \langle RR \rangle$ 17a CSk : $\langle RR \rangle - k′ \Rightarrow \langle RR \rangle$

18 G (Op) m : Adressensubstitution $\langle m \rangle$ t $\Rightarrow$ t. $\langle m \rangle$ t bezeichnet Trom-
O   meladressenstellen in Zelle m. Ausgeführt wird Befehl (Op) t.

19 GK (Op) s + h : Adressenänderung mit konst. Indexregister s $\langle s \rangle \Rightarrow \langle s \rangle$,
O $(\langle s \rangle + h′)$t $\Rightarrow$ t. Ausgeführt wird (Op) t.

20 CG (Op) s + h : Zählen im Register s mit anschließender Operation
O $\langle s \rangle + h′ \Rightarrow \langle s \rangle$, $(\langle s \rangle + h′)$t $\Rightarrow$ k. Ausgeführt wird der Befehl C (Op) k.

21 CGU s + h : Nur im Register zählen, $\langle RR \rangle \Rightarrow \langle RR \rangle$,
O $\langle s \rangle + h′ \Rightarrow \langle s \rangle$

Druckbefehl   **Stopbefehl**

22 D   : $\langle RR \rangle$ drucken 23 · : Maschine Stop

Bandbefehle für die Eingabe:

24 T t T   : Die folgenden Zahlen bzw. Befehle sind in die Zellen t, t + 1, ... zu speichern.
25 E t E   : Rechnung mit dem Befehl in Zelle t starten.

56

Befehlskode des ZRA 1

Einen Überblick über die Programmbefehle des Automaten und ihre Wirkung gibt Tafel 5 (Beilage). Das Befehlswort (gleich Befehlszeile) des ZRA 1 besteht aus 4 Teilen. Dabei darf allerdings jede Spalte nur einmal vertreten sein. Die Abarbeitung der einzelnen Teile eines Wortes erfolgt hintereinander, zum Teil aber auch gleichzeitig. Das Diagramm (Tafel 6) beschreibt den Ablauf der Befehlsabarbeitung in vereinfachter Form. Die zwölf Tetraden eines Befehlswortes werden durch zwei weitere Tetraden ergänzt. Diese werden nicht mit gespeichert, sondern enthalten nur Befehle, die sich auf die Eingabe beziehen. Sie werden daher sofort abgearbeitet und nicht erst gespeichert. Sie entsprechen in gewissem Sinne den Befehlen 24, 25 der Z 22. Nach dieser kurzen Charakteristik des Kodes von BESM, Z 22 und ZRA 1 gehen wir dazu über, für diese Maschinen Programme herzustellen. Dabei beschränken wir uns auf die Beispiele im Abschn. 4.3.2.2.

Beispiel 1

$\bar{a}, \bar{b}, \bar{c}, \bar{d}$ seien in den Zellen 1000, ..., 1003 gespeichert, d. h.

$$\langle 1000\rangle = \bar{a},\ \langle 1001\rangle = \bar{b},\ \langle 1002\rangle = \bar{c},\ \langle 1003\rangle = \bar{d}.$$

Das Resultat ist zu drucken. Aufzustellen ist der Teil des Programms, der die eigentliche Berechnung ausführt.

BESM:

	Operations-Kode	1. Adr.	2. Adr.	3. Adr.	1. Adr.	2. Adr.	3. Adr. nach Operationsausfrg.
					vor Operationsausführung		
1	×	1000	1003	1004	$\rangle \bar{a} \langle$	$\rangle \bar{d} \langle$	$\rangle \bar{a}\, \bar{d} \langle$
2	×	1001	1002	1005	$\rangle \bar{b} \langle$	$\rangle \bar{c} \langle$	$\rangle \bar{b}\, \bar{c} \langle$
3	—	1004	1005	1005	$\rangle \bar{a}\, \bar{d} \langle$	$\rangle \bar{b}\, \bar{c} \langle$	$\rangle \bar{D} \langle$
4	ÜD	1005	LOOOOOOOOO		$\rangle \bar{D} \langle$		

Z 22:

	Programmbefehle	Wirkung	
1	B 1001	$\bar{b} \Rightarrow \langle RR\rangle$	Diese Befehle entsprechen dem 2. Befehl beim BESM-Programm
2	U 6	$\bar{b} \Rightarrow \langle 6\rangle$	
3	B 1002	$\bar{c} \Rightarrow \langle RR\rangle$	
4	×	$\bar{b}\, \bar{c} \Rightarrow \langle RR\rangle \wedge \langle 6\rangle$	
5	U 11	$\bar{b}\, \bar{c} \Rightarrow \langle 11\rangle$	

Z 22: (Fortsetzung)

	Programmbefehle	Wirkung	
6	B 1000	$\bar{a} \Rightarrow \langle RR \rangle$	Diese Befehle entsprechen dem 1. Befehl
7	U 6	$\bar{a} \Rightarrow \langle 6 \rangle$	
8	B 1003	$\bar{d} \Rightarrow \langle RR \rangle$	
9	$\times$	$\bar{a}\,\bar{d} \Rightarrow \langle RR \rangle \wedge \langle 6 \rangle$	bzw. dem 3. Befehl
10	B 11	$\bar{b}\,\bar{c} \Rightarrow \langle RR \rangle$	
11	—	$\bar{D} \Rightarrow \langle RR \rangle \wedge \langle 6 \rangle$	
12	D	$\bar{D}$ wird gedruckt	

ZRA 1:

					Programmbefehle												Wirkung			
Nr.	Q	K	S	Rech Op	R-Zeichen 1.Op (+−0 II)	R-Zeichen 2.Op (+−0 II)	S.Ad	Test	Tra	Q1	Q2	Ind-Op	•	I.Ad	Datum	(RR)	(EP)	(S1)	
	12			11	10		9	8	7	6				5	4 3 2 1				
1									L						1 0 0 1		$\bar{b}'$		2. Befehl des BESM-Progr
2				Ü			0		L						1 0 0 2	$\bar{b}'$	$\bar{c}'$		
3				×			0									$\bar{b}\cdot\bar{c}$	$\bar{c}$		
4			S				1		L						1 0 0 0	$\bar{b}\cdot\bar{c}$	$\bar{a}'$	$\bar{b}\cdot\bar{c}$	1. Befehl
4				Ü			0		L						1 0 0 3	$\bar{a}'$	$\bar{d}'$	$\bar{b}\cdot\bar{c}$	
5				×			0									$\bar{a}\cdot\bar{d}$	$\bar{d}$	$\bar{b}\cdot\bar{c}$	
6				+		−	1									$\bar{D}$	$\bar{d}$	$\bar{b}\cdot\bar{c}$	3. Befehl
7				Dr												$\bar{D}$	$\bar{d}$	$\bar{b}\cdot\bar{c}$	4. Befehl

Diese drei Programme bedürfen der Ergänzung. Es fehlen noch Angaben organisatorischer Art, wie genauere Anweisungen an den Drucker, Angaben, wo das Programm im Speicher zur Abarbeitung bereitgestellt werden soll, mit welcher Speicherzelle der Berechnungsprozeß beginnen soll usw.

Für die folgenden Beispiele wollen wir deshalb festlegen: Die Speicherzellen ab 4000 sind stets für das Programm reserviert. Falls auf Zahlen zurückgegriffen wird, die bereits in der Maschine aufbewahrt werden, so wird dies angegeben.

Während es uns beim Beispiel 1 in erster Linie darauf ankam, Dreiadreß- und Einadreßsystem zu vergleichen, so geht es jetzt vor allem um die Herstellung des Maschinenprogramms. Dabei streben wir keineswegs an, jeweils das kürzeste Programm zu finden. Wir wollen nur zeigen, wie die Symbole der Strukturdiagramme in die Maschinensprache umgesetzt werden können. Wir haben uns mit Ausnahme von Beispiel 5 auf eine Maschine beschränkt. Die römischen Zahlen charakterisieren ein bestimmtes Alternativ- bzw. Plangleichungskästchen des zur Aufgabe gehörenden Diagramms. Die durch eine Klammer zusammengefaßten Befehle realisieren die Anweisungen der in den entsprechenden Kästchen stehenden Plangleichungen bzw. Alternativen. Wir beginnen mit Beispiel 4 (s. S. 50).

		T 4000 T	Die folgenden Zahlen und Befehle sind in den Zellen 4000, 4001, ... zu speichern
	4000	1	Zahl 1 in Gleitkommadarstellung
	1	2	Zahl 2 in Gleitkommadarstellung
	2	0,000000001	Zahl 10^{-9} in Gleitkommastellung
I	3	B 4001	$2 \Rightarrow \langle a \rangle$ *)
	4	U 11	$2 \Rightarrow \langle 11 \rangle = n$
	5	U 12	$2 \Rightarrow \langle 12 \rangle = S_n$
	6	B 4000	$1 \Rightarrow \langle a \rangle$
	7	U 13	$1 \Rightarrow \langle 13 \rangle = Q$
II	8	B 13	$Q \Rightarrow \langle a \rangle$
	9	U 6	$Q \Rightarrow \langle 6 \rangle$
	4010	B 11	$n \Rightarrow \langle a \rangle$
	1	:	$Q : n \Rightarrow \langle a \rangle \wedge \langle 6 \rangle$
	2	U 13	$Q \Rightarrow \langle 13 \rangle$
III	3	B 12	$S_n \Rightarrow \langle a \rangle$
	4	+	$S_n + Q \Rightarrow \langle a \rangle \wedge \langle 6 \rangle$
	5	U 14	$S_{n+1} \Rightarrow \langle 14 \rangle$
IV	6	B 12	$S_n \Rightarrow \langle a \rangle$
	7	—	$S_{n+1} \cdot S_n \Rightarrow \langle a \rangle \wedge \langle 6 \rangle$
V	8	B 4002	$10^{-9} \Rightarrow \langle a \rangle$
	9	—	$d - 10^{-9} \Rightarrow \langle a \rangle \wedge \langle 6 \rangle$
	4020	QQE 4029	Wenn $\langle a \rangle < 0$, Sprung nach Zelle 4029
VI	1	B 11	$n \Rightarrow \langle a \rangle$
	2	U 6	$n \Rightarrow \langle 6 \rangle$
	3	B 4000	$1 \Rightarrow \langle a \rangle$
	4	+	$n + 1 \Rightarrow \langle a \rangle \wedge \langle 6 \rangle$
	5	U 11	$\langle a \rangle \Rightarrow \langle 11 \rangle$
	6	B 14	$S_{n+1} \Rightarrow \langle a \rangle$
	7	U 12	$S_{n+1} \Rightarrow \langle 12 \rangle$
	8	E 4008	Sprung nach Zelle 4008
VII	9	B 14	$S_{n+1} \Rightarrow \langle a \rangle$
	4030	D	Resultat drucken
	4031	.	stop
		E 4003 E	Sprung nach Zelle 4003. Mit dem Befehl in Zelle 4003 Rechnung starten

Auf folgenden Sachverhalt wollen wir besonders hinweisen: Die Schnellspeicherzellen 11, 12 und 13 haben nach jedem Zyklus einen anderen Inhalt als vor demselben. Die Befehle in den Zellen 4008 bis 4028, die die Programmschleife realisieren, bleiben stets dieselben und werden so oft durchgeführt, bis die Frage in Zelle 4020 mit Ja beantwortet wird. Ein „Fortschreiten" des Berechnungsprozesses kommt also ausschließlich durch einen Wechsel gewisser Zelleninhalte zustande. Diese Veränderung wird bei jedem Durchlauf der Schleife durch die Umspeicherbefehle in den Zellen

---

*) Für RR wird abkürzend a (Akkumulator) geschrieben.

4012, 4025 und 4027 bewirkt. Der bedingte Befehl QQE 4029 wird, solange
die Alternative nicht erfüllt ist, übersprungen. Sobald die gewünschte Genauigkeit vorliegt, wird der Befehl E 4029 ausgeführt, der einen Sprung
nach Zelle 4029 bewirkt. An diesen Sprung schließt sich der Druck des
Resultates an.

Beispiel 3 (s. S. 49)

		T 4000 T	Speichern in den Zellen 4000, …
	4000	1	Zahl 1 in Gleitkommadarstellung
	1	2	Zahl 2 in Gleitkommadarstellung
I	2	B 4001	$2 \qquad \Rightarrow \langle a \rangle$
	3	U 12	$2 \qquad \Rightarrow \langle 12 \rangle = S$
	4	U 11	$2 \qquad \Rightarrow \langle 11 \rangle = n$
	5	B 4000	$1 \qquad \Rightarrow \langle a \rangle$
	6	U 13	$1 \qquad \Rightarrow \langle 13 \rangle = Q$
	7	CB 2	$2' \qquad \Rightarrow \langle a \rangle$
	8	U 14	$2' \qquad \Rightarrow \langle 14 \rangle = n'$ (n' ganze Zahl)
II	9	B 13	$Q \qquad \Rightarrow \langle a \rangle$
	4010	U 6	$Q \qquad \Rightarrow \langle 6 \rangle$
	1	B 11	$n \qquad \Rightarrow \langle a \rangle$
	2	:	$Q : n \quad \Rightarrow \langle a \rangle \wedge \langle 6 \rangle$
	3	U 13	$Q \qquad \Rightarrow \langle 13 \rangle$
III	4	B 12	$S \qquad \Rightarrow \langle a \rangle$
	5	+	$S + Q \Rightarrow \langle a \rangle \wedge \langle 6 \rangle$
	6	U 12	$S \qquad \Rightarrow \langle 12 \rangle$
IV	7	B 14	$n' \qquad \Rightarrow \langle a \rangle$
	8	CS 15	$N' - 15' \Rightarrow \langle a \rangle$
	9	PPQQE 4028	Wenn $\langle a \rangle = 0$, Sprung nach Zelle 4028
V	4020	CGU 14 + 1	$\langle 14 \rangle + 1' \Rightarrow \langle 14 \rangle$. Der Zähler wird um Eins erhöht
	1	0	
	2	B 11	$n \qquad \Rightarrow \langle a \rangle$
	3	U 6	$n \qquad \Rightarrow \langle 6 \rangle$
	4	B 4000	$1 \qquad \Rightarrow \langle a \rangle$
	5	+	$n + 1 \Rightarrow \langle a \rangle \wedge \langle 6 \rangle$
	6	U 11	$n + 1 \Rightarrow \langle 11 \rangle$
	7	E 4009	Sprung nach Zelle 4009
VI	8	B 12	$S \qquad \Rightarrow \langle a \rangle$
	9	D	Resultat drucken
	4030	.	stop
		E 4002 E	Rechnung mit dem Befehl in Zelle 4000 starten

Die Zahl n tritt bei diesem Programm in zweierlei Gestalt auf: einmal, wie
im vorhergehenden Beispiel, als Gleitkommazahl und das andere Mal als
ganze Zahl. Während bei der ersten Darstellung n mit einem gewissen
Rundungsfehler behaftet ist, ist dies bei der ganzen Zahl nicht der Fall.
Deshalb benutzen wir sie zum Zählen der Schleifendurchläufe. Die Zellen,

die n' enthalten, nennen wir Zähler. Die Durchführung der Addition und Subtraktion mit ganzen Zahlen ist einfacher als die mit Gleitkommazahlen. Diesem Umstand wird durch unterschiedliche Additions- und Subtraktionsbefehle Rechnung getragen.

Wenn in einem Schnellspeicher (Register) nur gezählt werden soll, so wird der Akkumulator a dazu nicht benötigt.

Beim Beispiel 2 (s. S. 47) setzen wir voraus, daß sich die Zahlen a_i bereits im Arbeitsspeicher des Automaten befinden. Von Zelle 2001 ab seien sie, nach wachsendem Index geordnet, untergebracht, d. h. $a_i = \langle 2000 + i \rangle$ mit $i = 1, 2, \ldots, 1000$. Das Resultat der Rechnung schreiben wir nach der Zelle 3001.

		T 4000 T	Speichern nach Zelle 4000, 4001, ..
I	4000	CB 1	$1'$ $\Rightarrow \langle a \rangle$
	1	T 11	$1'$ $\Rightarrow \langle 11 \rangle = i,\ 0 \Rightarrow \langle a \rangle$
	2	T 12	0 $\Rightarrow \langle 12 \rangle = S$
II	3	B 12	S $\Rightarrow \langle a \rangle$
	4	U 6	S $\Rightarrow \langle 6 \rangle$
	5	GKB 11 + 2000	a_i $\Rightarrow \langle a \rangle$
	6	0	
	7	+	$S + a_i \Rightarrow \langle a \rangle \wedge \langle 6 \rangle$
	8	U 12	S $\Rightarrow \langle 12 \rangle$
III	9	CB 1000	$1000'$ $\Rightarrow \langle a \rangle$
	4010	U 6	$1000'$ $\Rightarrow \langle 6 \rangle$
	1	B 11	i $\Rightarrow \langle a \rangle$
	2	—	$1000' - i \Rightarrow \langle a \rangle \wedge \langle 6 \rangle$
	3	PPQQE	Wenn $\langle a \rangle = 0$, dann Sprung nach der Zelle 4018
IV	4	B 11	i $\Rightarrow \langle a \rangle$
	5	CA 1	$i + 1'$ $\Rightarrow \langle a \rangle$
	6	U 11	$\langle a \rangle$ $\Rightarrow \langle 11 \rangle$
	7	E 4003	Sprung nach Zelle 4003
V	8	B 12	S $\Rightarrow \langle a \rangle$
	9	U 3001	S $\Rightarrow \langle 3001 \rangle = $ Resultat
	4020	.	stop
		E 4000 E	Rechnung in Zelle 4000 starten

Auch bei diesem Beispiel handelt es sich wieder um ein zyklisches Programm. Gegenüber den beiden vorhergehenden ist aber ein bedeutender Unterschied vorhanden. Während bei diesen das Fortschreiten im Berechnungsprozeß durch eine ständige Änderung der Zelleninhalte — bei konstanten Adressen — erreicht wurde, geschieht es hier durch Adressenänderungen. Der Befehl GKB 11 + 2000 enthält nämlich zwei Adressen, die Trommelspeicheradresse 2000 und die Schnellspeicher- (oder Index-register-) Adresse 11. Aus dieser Zahl 2000 und dem Inhalt vom Register 11 wird die Trommeladresse t gebildet. Zur Ausführung gelangt der Befehl Bt. Der Inhalt von Zelle 11 ändert sich bei jedem Schleifendurchlauf um eine Einheit, d. h., die Trommeladresse t wird jedesmal um 1 erhöht. Zu Beginn ist $\langle 11 \rangle = 1'$, d. h., es wird der Befehl B 2001 realisiert. Durch CA 1 wird aus der Eins eine Zwei gemacht. Wenn wir nun zum Befehl GKB 11 + 2000 gelangen, so ist er auf die Adresse 2002 anzuwenden. Der auszuführende Befehl lautet somit B 2002.

Für das Beispiel 5 (s. S. 51) stellen wir zwei Programme her, auf die wir dann wiederholt zurückgreifen werden.

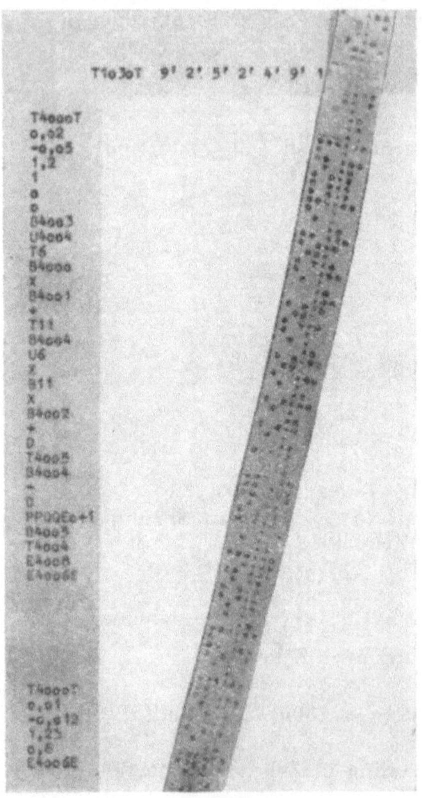

Bild 28. Programm zu Beispiel 5 für die Z 22 mit Lochstreifen

Die Berechnung von $\varphi\,(x)$ geschieht nach folgender Formel:

$$(0{,}02\,x - 0{,}05)\,x^2 + 1{,}2 \Rightarrow \varphi\,(x)\,.$$

Das vollständige Maschinenprogramm für die Z 22 im Freiburger Kode zeigt Bild 28. Die erste Zeile enthält Angaben zur Tabellierung der Näherungswerte und ihrer Differenzen. Die Zellen 4004 und 4005 nehmen während des Berechnungsprozesses die Näherungswerte x_ν und $x_{\nu+1}$ auf.

4006	B 4003	x_ν	$\Rightarrow \langle a \rangle$
7	U 4004	x_ν	$\Rightarrow \langle 4004 \rangle$
8	T 6	x_ν	$\Rightarrow \langle 6 \rangle$
9	B 4000	$0,02$	$\Rightarrow \langle a \rangle$
4010	$\times$	$0,02\, x_\nu$	$\Rightarrow \langle a \rangle \wedge \langle 6 \rangle$
1	B 4001	$-0,5$	$\Rightarrow \langle a \rangle$
2	$+$	$0,02\, x_\nu\ -0,05$	$\Rightarrow \langle a \rangle \wedge \langle 6 \rangle$
3	T 11	$\langle a \rangle$	$\Rightarrow \langle 11 \rangle$
4	B 4004	x_ν	$\Rightarrow \langle a \rangle$
5	U 6	x_ν	$\Rightarrow \langle 6 \rangle$
6	$\times$	$x_\nu{}^2$	$\Rightarrow \langle a \rangle \wedge \langle 6 \rangle$
7	B 11	$0,02\, x_\nu - 0,05$	$\Rightarrow \langle a \rangle$
8	$\times$	$(0,02\, x_\nu - 0,05)\, x_\nu{}^2$	$\Rightarrow \langle a \rangle \wedge \langle 6 \rangle$
9	B 4002	$1,2$	$\Rightarrow \langle a \rangle$
4020	$+$	$x_{\nu+1}$	$\Rightarrow \langle a \rangle \wedge \langle 6 \rangle$
1	D	$x_{\nu+1}$	drucken
2	T 4005	$x_{\nu+1}$	$\Rightarrow \langle 4005 \rangle$
3	B 4004	x_ν	$\Rightarrow \langle a \rangle$
4	$-$	d	$\Rightarrow \langle a \rangle \wedge \langle 6 \rangle$
5	D	d	drucken
6	PPQQE 0 + 1	Wenn $\langle a \rangle = 0$, vom Lochstreifen neue Werte einlesen	
7	B 4005	$x_{\nu+1}$	$\Rightarrow \langle a \rangle$
8	T 4004	$x_{\nu+1}$	$\Rightarrow \langle 4004 \rangle$
9	E 4008	Sprung nach Zelle 4008	
	E 4006 E	Rechnung mit Zelle 4006 starten	

Dieses Programm enthält in Zelle 4026 keinen bedingten Stopbefehl,
sondern einen Befehl, der das Einlesen neuer Werte bewirkt. Dadurch
werden die Koeffizienten in den Zellen 4000 bis 4002 und x_0 in Zelle 4003
durch neue Werte ersetzt. E 4006 E bewirkt eine Fortsetzung der Rechnung
mit Zelle 4006. So ist es möglich, mit dem einen Programm eine ganze
Schar von Aufgaben zu berechnen. Auf diese Möglichkeiten kommen wir
später noch zu sprechen.
Wir stellen nun das entsprechende Programm für den ZRA 1 auf (s. Bild
29). Da wir mehrere Operationen in einer Befehlszeile unterbringen können,
gelangen wir zu einem etwas komprimierteren Programm. Es soll so aufgestellt werden, daß es von jeder beliebigen Zelle ab gespeichert werden
kann. Die Adressen der Koeffizienten, Näherungswerte usw. sind uns dann
von vornherein nicht bekannt. Wir umgehen diese Schwierigkeit, indem
wir das Programm so aufstellen, als ob es von Zelle 0 ab eingespeichert
werden sollte. Sämtliche Adressen werden daher nur relativ sein (Phase
IV). Daraus können nun vom Automaten leicht absolute Adressen errechnet werden. Erforderlich ist nur in Phase V die Angabe einer Leitadresse
(in unserem Beispiel 4000) und die Kennzeichnung der Befehle, deren
Adresse um den Wert der Leitadresse zu erhöhen ist. Diese Adressenänderung nimmt der Automat bereits zum Zeitpunkt der Eingabe vor
(Phase VI). Auf der Trommel wird also das Programm in den gewünschten
Zellen gespeichert, und die Befehlsadressen sind nun absoluter Natur.
Die Herstellung von Programmen ist in der Regel sehr mühsam und verlangt sehr viel Konzentration. Deshalb sind wir bestrebt, diese Arbeit auf

64

RB	SL	EA	KB	Nr.	Q	K	S	Rech Op	1.Op +−	1.Op 0″	2.Op +−	2.Op 0″	S-Ad	Test	Tra	Q1	Q2	Ind-Op	•	I-Ad	4	3	2	1	(RR)	(EP)	(S1)	Bemerkungen
14			13		12			11	10				9	8	7	6				5	4	3	2	1				
H→			D	−											H→						4	0	0	0				Ab Zelle 4000 speichern'
E	L		B	0				1			8		2															0,02 in Gleitkommadarstellung *)
E			B	1				1			8		5															−0,05 »
E			B	2				2			7		1	2															7,2 »
E			B	3				2			7		1															X_0 »
E			B	4							7																	0 »
E		A	D	5											L									3		X_y		
E		A	D	6			S	Ü					1		L									0	X_y	0,02	X_y	
E		A	D	7				×							L									1	$0,02\,x_y$	−0,05		
E				8				+																	$(0,02\,x_y-0,05)$			
E				9				×					1												$(\ )x_y$			
E		A	D	10				×					1		L									2	$(\ )x_y^2$	1,2		
E		A	D	11				+							L									4	x_{y+1}	0		
E		A	D	12				+			−		1		S									3	$x_{y+1}-x_y$			
E		A	D	13				+	−	‖				Rn?	L									3	$0-[x_{y+1}-x_y]/x_{y+1}$			
E				14				Ü																	x_{y+1}			
E		A	D	15				Dr							j→									6	(x_{y+1}) rückkom.			
E				16											H													
H		A	D	−											→									5				*) Der Exponent wird um 20 vergrößert eingegeben

Bild 29. Maschinenprogramm für ZRA 1 zur Berechnung einer reellen Nullstelle einer gegebenen kubischen Gleichung

ein Mindestmaß zu reduzieren. Wir stellen die Programme deshalb so her, daß sie so vielseitig wie möglich einsetzbar sind. Außerdem bürden wir jede Routinecharakter tragende Arbeit dem Automaten selbst auf. Auf einige Möglichkeiten sei hingewiesen.

Bei umfangreichen Programmen kommt es häufig vor, daß sich Programmteile wiederholen. Beispielsweise sind in einem Programm zehn verschiedene Quadratwurzelberechnungen erforderlich. Die erforderlichen Operationen werden in allen zehn Fällen — ein und dasselbe Verfahren vorausgesetzt — stets die gleichen sein. Unterschiede werden nur in den Radikanden und Näherungswerten auftreten. Dies ist für das Programm ohne Belang. Es liegt auf der Hand, diesen Programmteil „Quadratwurzelberechnung" nur einmal im Programm vorzusehen. Durch Sprungbefehle können wir ihn bei Bedarf erreichen. Nur müssen Vorkehrungen getroffen werden, daß nach der Ausführung der Wurzelberechnung die Abarbeitung des Programms wieder dort fortgesetzt werden kann, wo sie durch den Sprungbefehl verlassen wurde. Deshalb besitzen die meisten Automaten Sprungbefehle mit Rückkehrabsicht. Bei diesen Befehlen bewahrt die Maschine die Zellennummer des Sprungbefehls auf. Am Ende des Teilprogramms — auch *Unterprogramm* genannt — müssen wir dann einen *Rücksprungbefehl* vorsehen. Der Automat setzt dann selbst die entsprechende Zellennummer, die er in einem Register während der Wurzelberechnung gespeichert hält, in diesen ein. Bei der Programmherstellung müssen wir diesen Sachverhalt entsprechend berücksichtigen.

Unter anderem müssen ziemlich oft Aufgaben gleichen Typs gelöst werden. Es ist klar, daß die Programme verschiedener Aufgaben von ein und demselben Typ sich nur in ihren Details voneinander unterscheiden, wenn stets das gleiche Lösungsverfahren angewendet wird. Darum brauchen wir — nachdem wir uns für ein Lösungsverfahren für diesen Aufgabentyp entschieden haben — nur einmal ein solches Programm aufzustellen. Wir können es dann für die Lösung einer beliebigen konkreten Aufgabe der gegebenen Klasse verwenden. Es ist jeweils nur erforderlich, die notwendigen Detailinformationen über das vorliegende Problem dem Automaten mitzuteilen. Derartige Programme werden wir in sog. *Programmbibliotheken* aufbewahren. Sie werden oft als *Bibliotheksprogramme* bezeichnet. Auch die weiter oben besprochenen Unterprogramme können zu Bibliotheksprogrammen ausgebaut werden.

Bei dieser Art von Unterprogrammen sind diejenigen mit nur einem Argument ($\sqrt{a}$, sin a, cos a) besonders hervorzuheben. Sie können in der Regel durch einen Befehl erreicht werden und erweitern so die Befehlsliste um die entsprechenden Operationen.

Die Existenz einer guten Programmbibliothek reduziert stark die erforderliche Zeitspanne für die Herstellung eines Programms. Oft ist es nur erforderlich, die richtige Einschaltung der Bibliotheksprogramme und die Zusätze des Programmierers zu überprüfen.

Trotz einer Reihe von Hilfsmitteln erfordert die manuelle Herstellung eines Maschinenprogramms sehr viel Zeit. Deshalb bemühte man sich schon sehr frühzeitig, programmgesteuerte Rechenautomaten für die Umsetzung eines Rechenverfahrens in ein Maschinenprogramm zu nutzen.

Dabei schuf man *Programmierungssprachen*, die vom benutzten Automatentyp unabhängig sind. International durchgesetzt haben sich die Programmierungssprachen ALGOL [RA 47], FORTRAN und COBOL [RA 42/44].

4.3.3. Befehlsabarbeitung

Nachdem wir uns im Abschn. 4.3.2. mit der Herstellung von Maschinenprogrammen beschäftigt haben, wollen wir für das Folgende voraussetzen, daß sie in fertiger Form vorliegen. Wir nehmen außerdem an, daß sie geprüft — falls erforderlich, korrigiert — und in die Maschine eingegeben wurden. Von einer bestimmten Zelle ab sind die Befehle der Reihe nach eingespeichert.

In groben Zügen beschreiben wir nun die Abarbeitung eines Programms. Da wir nur wenig sagen können, was für alle Maschinen Gültigkeit hat, so wollen wir einen bestimmten Typ zugrunde legen. Sein Aufbau soll in vereinfachter Form durch Bild 22 wiedergegeben werden.

Der gesamte Arbeitsablauf im Rechenautomaten kann in zwei Phasen eingeteilt werden.

Tafel 7. Ein- und Ausgabemedien

Ein- und Ausgabegeräte und -medien		Geschwindigkeit der	
		Eingabe	Ausgabe
1	Schreibmaschine oder Tastatur	7···10 Zeichen/s	10···15 Zeichen/s
2	Lochkarte	200···1 000 Zeichen/s	133···400 Zeichen/s
3	Lochstreifen	100···1 500 Zeichen/s	25···200 Zeichen/s
4	Magnetband	1 500···62 500 Zeichen/s	1 500···62 500 Zeichen/s
5	Analog-Digital-Konverter	1 000 Messungen/s··· 10 000 Messungen/s	—
6	Digital-Analog-Konverter	—	500···8 300 Punkte/s
7	Schnelldrucker	—	1 000···10 000 Zeichen/s

Erste Phase (Instruktionsphase): Ein Befehl wird vom Speicher ins Leitwerk gebracht und dort entschlüsselt. Die notwendigen Operationssteuerspannungen werden erzeugt.

Zweite Phase (Rechenphase): Die Operation wird vollzogen.

Daran schließt sich wieder die erste Phase an.

Welcher Befehl vom Speicher ins Befehlsregister zu überführen ist, bestimmt das Befehlsaufrufregister BAR. Sein Inhalt wird mittels des Koinzidenzvergleichers KV mit der jeweiligen Stellung der Trommel verglichen. Ist Koinzidenz vorhanden, so wird ein Impuls gegeben, der bewirkt, daß für einen Takt die Leseköpfe freigegeben werden. Dadurch gelangen die Informationen von der Trommel in den Lesepuffer. Ein weiterer Impuls ermöglicht ihren Einlauf in das Befehlsregister. Enthält der bereitgestellte Befehl keine Sprungoperation, so wird während seiner Abarbeitung der Inhalt des BAR um 1 erhöht. Ist diese beendet, so wird dies durch ein Rücksignal angezeigt, und die Zelle, deren Nummer im BAR steht, kann gelesen und ihr Inhalt ins Befehlsregister überführt werden. Enthält aber einer dieser Befehle einen „Sprung", so wird der Inhalt des

BAR durch denjenigen des Zahlenaufrufregisters *ZAR* ersetzt. Der neue Inhalt des *BAR* ist dann die Adresse der Zelle mit dem nächsten Befehl. Dieser wird wiederum gelesen und im Befehlsregister zur Abarbeitung bereitgestellt.

Das kausale Nacheinander bei der zweiten Phase ist in Form eines vereinfachten Strukturdiagramms in Tafel 6 (Beilage) angegeben. In Wirklichkeit geschehen im Automaten gewisse Vorgänge gleichzeitig, wie z. B. das Rechnen und das Lesen. Dabei beginnt die Ausführung der ersten Operation etwas früher als die der zweiten.

Mit dem Zeitpunkt des Einschaltens wird die Maschine in den *Zustand des Wartens* versetzt. Sie wartet auf eine Anweisung, die sie in einen anderen Zustand überführt. Außer dem genannten gibt es noch die *Zustände* der *Eingabe-* und der *Programmsteuerung*. Beim Zustand Eingabesteuerung wird der gesamte Arbeitsablauf der Maschine vom Eingabeaggregat aus gesteuert. Die Informationen der Tetraden 13 und 14 werden beim Einlesen in das Eingabebefehlsregister *EBR* übernommen und sofort realisiert. Das *EBR* kann bezüglich seiner Funktionen mit dem Befehlsregister verglichen werden. Die Tetraden 1 bis 12 gelangen über Ein- und Ausgaberegister *EAR*, Eingangspuffer *EP*, Rechenwerk und Resultatregister in den Trommelspeicher. Handelt es sich speziell um Zahlen, so wird die Konvertierung derselben im Rechenwerk ausgeführt.

Nachdem der Eingabeprozeß beendet ist, kann durch den Regiebefehl $H \rightarrow$ zum Zustand Programmsteuerung übergegangen werden. Dadurch wird ein Befehl ins Befehlsregister gebracht, und mit seiner Abarbeitung kann begonnen werden. Andererseits erlauben die Befehle 34 und 35 aus dem Zustand der Programmsteuerung in einen der beiden anderen überzugehen. Erst das Zusammenwirken dieser Möglichkeiten führt zur selbständigen Arbeit des Automaten.

4.4. Ein- und Ausgabewerk

4.4.1. Vorbereitung zur Eingabe

Bei der Behandlung der Abarbeitung des Programms hatten wir vorausgesetzt, daß es sich bereits zusammen mit den entsprechenden Zahlen-

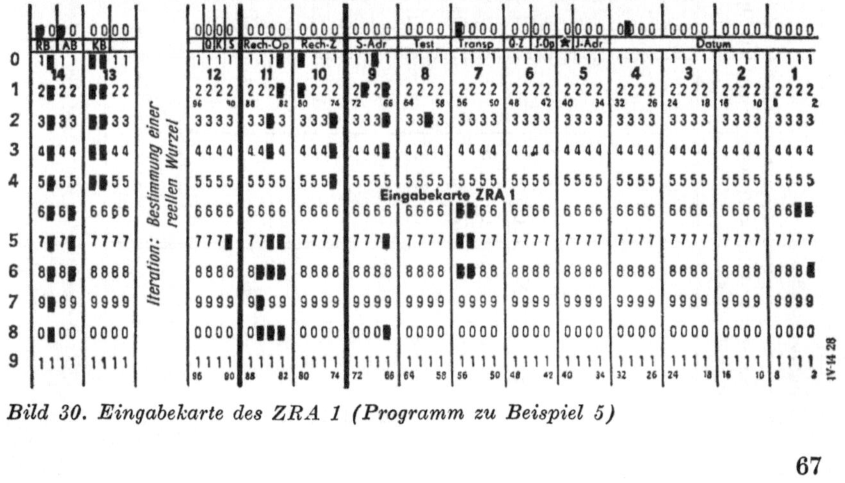

Bild 30. *Eingabekarte des ZRA 1 (Programm zu Beispiel 5)*

| 14. | 13. | 12. | 11. | 10. | 9. | 8. | 7. | 6. | 6. | 5. | 4. | 3. v2. v1. | Tetrade |
| Eingabebefehle | | | | | | | | | | | | | |
Regie-/ Adr.-bef.	Konv. Bef.	Zusatz-Zeichen	R-Op.	R-Zeich. 1. Op. 2. Op.	S-Adr.	Test-Op.	Transp. Op.	Q-Z.	J-Op.	* J-Adr.	Da-tum	Da-tum	Kode
	D				0					0	0	0	OOOO
		S		‖	1	Rn ?	n →		Z1	1	1	1	OOOL
		F		—	2		j →		ZD	2	2	2	OOLO
		F S	Ü	— ‖	3		→		AD	3	3	3	OOLL
E	N	Q₁	+	‖	4	JL ?	R	Q2		4	4	4	OLOO
	A	Q₁ S	:	‖ ‖	5	S > J ?	n → R	Q2	Z1	5		5	OLOL
L		Q₁ F	/:	‖ —	6	D > J ?	j → R	Q2	ZD	6		6	OLLO
L A		Q₁ F S	×	‖ — ‖	7		→ R	Q2	AD	7		7	OLLL
H →	F		V	—			H →	Q1		* 0		8	LOOO
H → A			Vr	— ‖		Q1 ?	nH	Q1	Z1	* 1		9	LOOL
H → L			Vl	— —		Q2 ?	jH	Q1	ZD	* 2		10	LOLO
H → L A			∧	— — ‖		QQ ?	H	Q1	AD	* 3		11	LOLL
	B		Du	— ‖		A ?	L	QQ		* 4		12	LLOO
			Dr	— ‖ ‖		B ?		QQ	Z1	* 5		13	LLOL
				— ‖ —				QQ	ZD	* 6		14	LLLO
N			Ab	— ‖ — ‖			S	QQ	AD	* 7		15	LLLL

Bild 31. Kodierungsschlüssel für die Befehle des ZRA 1

werten im Speicher befand. Wir wollen nun das Fehlende nachholen. Wenn das fertige Maschinenprogramm vorliegt, so müssen zum Zweck der Verarbeitung seine Informationen maschinell realisiert werden. Die Eingabe der Informationen können wir direkt manuell ausführen oder durch Zwischenschaltung von Lochkarten, Lochstreifen, Magnetband oder Film vornehmen. Für welchen Weg wir uns auch entscheiden, es macht sich

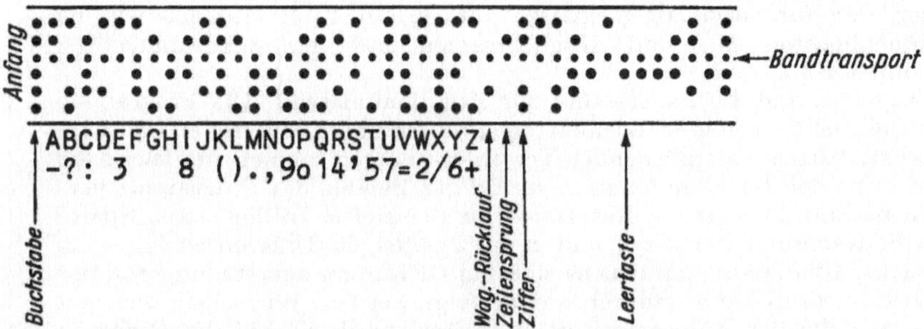

Bild 32. Fernschreibschlüssel für den Lochstreifen von Bild 36 (in Abhängigkeit von „Buchstabe" oder „Ziffer" gilt entweder die obere oder die untere Zeile)

immer eine Verschlüsselung der Informationen erforderlich. Diese kann in den verschiedensten Formen erfolgen. Beim ZRA 1 z. B. (Bild 30) werden die Dezimalziffern durch wertgleiche Tetraden verschlüsselt. Auch den einzelnen Teilen des Befehlswortes sind Dualzahlen zugeordnet, wie aus Bild 31 ersichtlich ist. Die Umrechnung der Zahlen vom verschlüsselten

+1,16999999/+00	+1,69999998/-01
+1,13155499/+00	-3,84449996/-02
+1,13597916/+00	+4,42416593/-03
+1,13547756/+00	-5,01599162/-04
+1,13553453/+00	+5,69708645/-05
+1,13552806/+00	-6,47082924/-06
+1,13552879/+00	+7,33882188/-07
+1,13552871/+00	-8,19563865/-08
+1,13552872/+00	+7,45058059/-09
+1,13552872/+00	0
+1,24743999/+00	+4,47439998/-01
+1,23132672/+00	-1,61132775/-02
+1,23186601/+00	+4,79292124/-04
+1,23179184/+00	-1,41672790/-05
+1,23179226/+00	+4,20957803/-07
+1,23179225/+00	-1,49011611/-08
+1,23179225/+00	0

Bild 33. Resultate der Iteration (Beispiel 5). Die linke Kolonne enthält die Näherungswerte und die rechte die Differenzen zweier aufeinanderfolgender Näherungswerte

Dezimalsystem ins reine Dualsystem erfolgt während des Eingabeprozesses. Bei den Befehlen erfolgt nur die Konvertierung des Datums, während die anderen Teile unverändert eingehen. Bei der Z 22 dagegen wird das Programm (Bild 28), das im Freiburger Kode aufgestellt und nach entsprechender Vorschrift (Bild 32) verschlüsselt wurde, vom Automaten in die eigentliche Maschinensprache (Internkode) übersetzt. Dann erst erfolgt die Verwirklichung der Befehle.

Wir haben bereits erwähnt, daß wir im einfachsten Fall die Informationen manuell eingeben können. Dies ist aber sehr unwirtschaftlich; die Maschinen sind nicht genügend ausgelastet. Deshalb wählen wir einen anderen Weg. Wir bringen die Informationen auf einen geeigneten Informationsträger, den wir dann zügig einlesen können. In Tafel 7 stellen wir die gebräuchlichsten Ein- und Ausgabemedien und -geräte zusammen (s. Abschn. 4.4.2.).

Lochstreifen und Lochkarte sind zur Zeit dominierend. Die Programme vom Beispiel 5 wurden in Lochkarten (Bild 30) und Lochstreifen (Bild 28) gestanzt. Mittels entsprechender Verschlüsselungen können wir leicht die Zuordnung der Lochkombinationen und der Befehle des Programms vornehmen. Bild 33 zeigt die Resultate von Beispiel 5. In der ersten Spalte sind die Näherungswerte $x_{\nu+1}$ und in der zweiten die Differenzen $x_{\nu+1} - x_\nu$ gedruckt. (Bei beiden handelt es sich um Gleitkommadarstellungen.) Der Iterationsprozeß kann dadurch gut verfolgt werden. Wir sehen, wie von Zeile zu Zeile der Näherungswert verbessert wird. Sobald die Differenz 0 ist, stoppt der Berechnungsvorgang. Bei den folgenden Wertegruppen handelt es sich ebenfalls um die näherungsweise Berechnung von reellen Wurzeln einer kubischen Gleichung. Nur ihre Koeffizienten und der Anfangswert wurden jeweils anders gewählt.

4.4.2.   Ein- und Ausgabegeräte

Bei der Eingabe von Hand werden durch die Betätigung der Tasten einer Fernschreibmaschine oder des Kommandopultes entsprechende Impulsfolgen ausgelöst, die über ein Ein- und Ausgaberegister nach erforderlichen Umwandlungen in den Speicher gebracht werden. Findet ein Lochstreifen als Informationsträger Verwendung, so wird dieser mittels eines Streifenlochers gelocht und dann in einem Lochstreifensender (Bild 34) abgetastet. Er fühlt mit Kontakthebeln die Kanäle des Streifens ab und gibt positives Potential, wenn ein Loch vorhanden ist; anderenfalls liegt negatives Potential am Ausgang des Kanals. Ein zusätzlicher Kanal enthält sog. „Synchronisationslöcher". Jedem Zeichen ist so ein „Synchronisationsloch" zugeordnet, das die Eingabesteuerung informiert, wann die Kontakthebel den dem Zeichen entsprechenden Zustand erreicht haben. Eine höhere Eingabegeschwindigkeit erreichen wir dadurch, daß wir anstelle der Kontakthebel eine Lichtquelle und Fotozellen verwenden. Alle Kanäle werden gleichzeitig auf Fotozellen abgebildet, die bei Belichtung Strom führen, der die L darstellt; bei „Nichtloch" fließt kein Strom, was der O entspricht. Durch Lochkartenstanzer (Bild 35) werden die Informationen auf die Karten gebracht. Die Lochkartenabtaster haben Abfühlvorrichtungen, die den gesamten Informationsgehalt der Karte erfassen, den sie als Impulse an die Eingaberegister weitergeben.

Bei Magnetband-Eingabegeräten bringen wir über Lochstreifensender oder Lochkartenabtaster die einzugebenden Informationen auf das Band und von da in die Maschine. Verwenden wir als Eingabemedium einen Film, so werden die Zeichenkombinationen zeilenweise quer zur Durchlaufrichtung durch Belichtung und Nichtbelichtung eingeschrieben. Für L wird

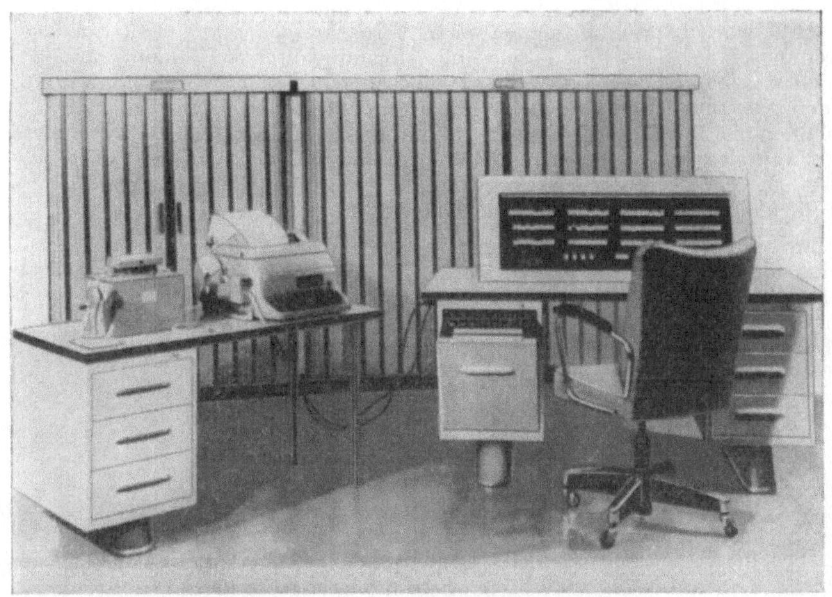

Bild 34. Gesamtansicht des Transistorrechners Z 23. Rechts Bedienungspult, links neben der Fernschreibmaschine der Lochstreifenleser

der Film belichtet, für O nicht. Bei der Eingabe erfolgt eine zeilenweise Abtastung durch Fotozellen, die die Informationen als Stromimpulse an Eingaberegister weiterleiten.

Von den Ausgabeeinrichtungen verlangen wir, daß die als Impulsfolgen ankommenden Informationen in eine für uns unmittelbar lesbare Form

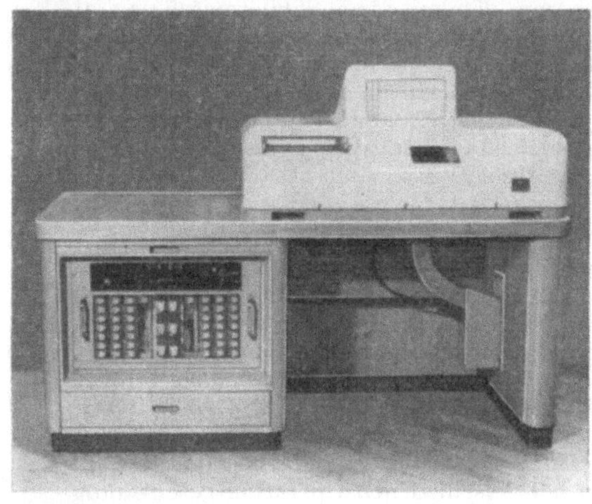

Bild 35. Lochkartenstanzer mit automatischer Lochkartenzuführung

gebracht werden. Hierzu eignen sich Fernschreiber oder elektrische
Schreibmaschinen. Da deren Schreibgeschwindigkeiten sehr klein sind,
wurden sog. elektronisch gesteuerte Zeilenschnelldrucker entwickelt. Wie
bei den gebräuchlichen Addiermaschinen oder den bewährten Tabellier-
maschinen der Lochkartentechnik wird durch eine mechanische Bewegung
eine durch elektronische Voreinstellung vorbereitete Zeile auf einmal gedruckt. Der dazu erforderliche Aufwand gleicht bei einigen Spitzengeräten
dem für kleine Rechenanlagen erforderlichen.

Als Ein- und Ausgabegeräte erlangen, vor allem bei Automaten, die zur
Produktionssteuerung eingesetzt werden, Analog-Digital- bzw. Digital-
Analog-Konverter immer mehr Bedeutung. In ihnen vollzieht sich einer-
seits die Umwandlung analoger Meßwerte in digitale Größen, die im
Rechner verarbeitet werden können, und andererseits die Umsetzung
digitaler Werte in analoge.

5. Einsatzmöglichkeiten

5.1. Auswahl eines Rechners

Oft wird die Frage gestellt, welche Aufgaben mit Rechenautomaten gelöst
bzw. bearbeitet werden können. Die Antwort könnte lauten: „Jedes
Problem, dessen Lösungsverfahren programmierbar ist, kann durch den
Einsatz von programmgesteuerten Rechnern gelöst werden." Doch damit
ist die Frage keineswegs wirklich beantwortet, denn es taucht sofort die
neue Frage auf, welche Lösungsverfahren programmierbar sind. Betreffs
dieses Fragenkomplexes verweisen wir auf [1].

Bei einem vorliegenden Problem haben wir zuerst zu entscheiden, ob der
Einsatz eines Automaten sinnvoll ist. Bei Beispiel 2 kann der Einsatz eines
Rechners sinnvoll sein, braucht es aber nicht. Sind die a_i als Zahlen in
einer Tabelle gegeben und geht es ausschließlich darum, ihre Summe zu
ermitteln, so wird es sinnvoller sein, dies mit einer Saldiermaschine statt
mit einem Automaten zu tun. Die a_i müssen nämlich erst entweder in
Lochstreifen oder -karten gestanzt, diese wiederum geprüft und in den
Rechner eingegeben werden. Liegen dagegen die a_i schon aufbereitet vor
(etwa in Lochkarten), so wird die Frage schon anders zu beantworten sein.
Erst recht wird der Einsatz eines Rechners sinnvoll, wenn nach der Summierung die Zahlen noch anderweitig zu verarbeiten sind.

Die sinnvollen Aufgaben zerfallen in zwei Gruppen:

Die Aufgaben der ersten Gruppe können aus zeitlichen Gründen nur mit
Automaten gelöst werden. (Bei den anderen ist der Einsatz eines Rechners
von Vorteil.) Wir denken z. B. an Flugbahnberechnungen von Erdsatelliten
und Raketen, Steuerungsberechnungen von Produktionsabläufen und
anderen Vorgängen, die alle in vorgegebenen Zeitintervallen erfolgen
müssen, damit ihre Resultate verwendet werden können. Dabei sind oft
Tausende von Operationen in einer Sekunde auszuführen und große
Zahlenmengen zu verarbeiten. Tafel 8 gestattet einen Vergleich der Zeiten,
die für 10^3 bis 10^5 Operationen bei verschiedenen Operationsgeschwindig-
keiten erforderlich sind.

Tafel 8. Rechenzeiten von Digitalrechnern

Anzahl der Rechenoperationen	Mensch mit Tischrechenmaschine	Digitalrechner mit 20 Op./s	Digitalrechner mit 200 Op./s	Digitalrechner mit 2000 Op./s
10^3	1 d	50 s	5 s	0,5 s
10^4	10 d	8 min	50 s	5 s
10^5	100 d	1 h 25 min	8 min	50 s

Abkürzungen: d Tag, h Stunde, min Minute, s Sekunde

Bei der zweiten Gruppe begegnen uns Aufgaben, die mit den konventionellen Mitteln (Tischrechenmaschine, Lochkartenanlage) bearbeitet werden können: Lohn- und Gehaltsberechnungen, Stabilitäts- und Kapazitätsberechnungen. Die Wirtschaftlichkeit des Einsatzes von Automaten wächst dabei — wie erwiesen — mit zunehmender Operationsgeschwindigkeit. Dieser Umstand muß bei der Auswahl eines Rechners für den Einsatz zur Lösung eines konkreten Problems berücksichtigt werden, wenn nicht die Kosten höher als der Gewinn sein sollen. Neben dem Umstand, daß die Kosten je Rechenoperation bei Automaten niedriger sind als bei manueller Rechnung, ist es vor allem ihre geringe Fehlerhäufigkeit, die ihren Einsatz rentabel macht.
Bei der Auswahl eines Automaten müssen seine Speicherkapazität, die Operationsgeschwindigkeit und auch die Ein- und Ausgabemöglichkeiten berücksichtigt werden. Wollen wir schließlich das Maschinenprogramm auch selbst aufstellen, so wird die Vertrautheit mit dem Operationsschlüssel des Automaten ein weiterer Faktor sein, der Berücksichtigung verdient.

5.2. Beispiele

Es würde zu weit führen, auch nur einen groben Überblick über die vielen Einsatzmöglichkeiten geben zu wollen. Wir beschränken uns daher auf einige wenige.
Der Konstrukteur wird beim Bau von Maschinen mit Sicherheit vor Schwingungsprobleme gestellt; so gilt es z. B., kritische Drehzahlen zu bestimmen, wenn Resonanzerscheinungen verhindert werden sollen. Chemische Strukturberechnungen erfordern ebenso wie etwa die Konstruktion von Ultraschall- und Radargeräten einen erheblichen mathematischen Aufwand. Der Bergbauingenieur benötigt einen genauen Überblick über die unter Tage strömenden Luftmengen, um danach die Planung und Änderung von Wetternetzen vorzunehmen. Geologen haben seismografische Meßdaten zu interpretieren und Erdölingenieure Mischungsmöglichkeiten von Ölen zu berechnen.
Die laufenden Lohn- und Gehaltsrechnungen, die Betriebsabrechnung, Material-, Teile- und Gerätedispositionen und die Lagerbuchhaltung sind umfangreiche Einsatzgebiete von Automaten. Digitalrechner können für die medizinische Diagnostik nutzbar gemacht werden und übersetzen z. B. technische Fachtexte von einer Sprache in die andere. Sie können bei Olympiaden zur schnellen Berechnung der Einzel- und Mannschafts-

wertungen eingesetzt werden, geben aber auch Auskunft über die Verfügbarkeit von Passagierplätzen im Luftverkehr.

Alle diese Arbeiten führen sie mit größter Präzision und Schnelligkeit aus. Voraussetzung dafür ist aber immer ein Programm, das nur die schöpferische Phantasie und der kritische Verstand des Menschen schaffen können.

6. Entwicklungstendenzen der Rechentechnik

Wir besprechen nun einige Entwicklungstendenzen. Wenn wir im folgenden eine Aufgliederung vornehmen, so müssen wir trotz allem beachten, daß ein starker Zusammenhang zwischen den einzelnen Tendenzen besteht.

6.1. Bauelemente und Baugruppen

Das elektromechanische Relais wurde durch die Elektronenröhre und diese wiederum durch Transistor und Diode ersetzt. In der letzten Zeit konnten Transistoren mit sehr kurzen Schaltzeiten und hinreichend hohen Leistungen gebaut werden. Vielfach gelangen neuerdings auch Magnetkerne als Schaltelemente zum Einsatz, wie z. B. in den Feraktoren. Die Arbeitsfrequenzen dieser genannten Elemente liegen zwischen 1000 (Feraktoren) und 2000 kHz (Transistoren).

Eine Reihe von Elementen befindet sich im Entwicklungsstadium bzw. stehen kurz vor ihrem praktischen Einsatz und versprechen zum Teil Arbeitsfrequenzen von vielen Hunderten kHz. Bekannt wurden Schalt- bzw. Speicherelemente aus dünnen ferroelektrischen Schichten (Schaltzeit einige Nanosekunden), Cryotrons, deren Arbeitsweise auf der Supraleitfähigkeit beruht, Parametrons mit Dioden, Parametrons mit dünnen magnetischen Schichten u. a. m. Bei den Speicherelementen herrschen die Magnetkerne vor, die nicht nur für kleine Schnellspeicher, sondern auch für große Arbeitsspeicher verwendet werden. Eine Verbesserung stellt die Magnetlochkarte mit gedruckter Schaltung dar, die nach dem gleichen Prinzip arbeitet. Da sie sich sehr rationell fertigen läßt, dürfte sie immer mehr zum Einsatz gelangen. Magnetbänder, Trommeln und Platten werden ständig weiterentwickelt. Angestrebt wird eine Vergrößerung der Schreibdichte und eine Verringerung der Zugriffszeit. (Gegenwärtig werden bereits Trommeln mit einer Schreibdichte von 30 bits/mm und einer mittleren Zugriffszeit von 16 ms bei einem Umfang von 1 m gebaut.) Einen weiteren Entwicklungsschwerpunkt stellen die Ein- und Ausgabegeräte dar. Neben einer Erhöhung ihrer Arbeitsgeschwindigkeit soll vor allem eine Verringerung ihrer Störanfälligkeit erreicht werden.

Ferner werden Geräte entwickelt, die in der Lage sind, Ziffern und Buchstaben unmittelbar zu lesen, wie z. B. der IBM-1418-Klarschriftleser. Er liest Schreibmaschinen- oder Druckschrift von Papier oder Kartenbelegen verschiedener Dicke und Größe zur direkten Eingabe in ein Datenverarbeitungssystem.

Besonders bedeutend dürfte die Entwicklung der von Rechenanlagen gesteuerten *Sichtgeräte (Display-Einheiten)* sein. Diese dienen zur Ausgabe von Grafiken und Tabellen auf Bildschirmen. Dabei sind sowohl statische als auch dynamische Darstellungen möglich. Gleichzeitig können mit diesen Geräten Daten und Kurven in Rechenanlagen eingegeben werden. Das Sichtgerät steht keineswegs immer in unmittelbarer Nähe des Automaten, sondern oft viele Kilometer entfernt (Datenfernübertragung).

6.2. Organisation und Aufbau der Automaten

Wenn wir die Entwicklung der Rechenmaschinen betrachten, so können
wir eine ständige Vergrößerung ihres Leistungsvermögens beobachten.
Diese spiegelt sich nicht nur in einem Wachsen der Operationsgeschwindigkeit (größer als 10^6 Operationen/s), sondern auch in wesentlichen
Änderungen der Struktur wider. Ein — den anderen Baugruppen überge-
ordnetes — Leitwerk sorgte bisher dafür, daß ein Befehl nach dem anderen
bereitgestellt, entschlüsselt und abgearbeitet wurde. Dies ermöglichte
keine rationelle Nutzung der einzelnen Baugruppen der Anlage. Durch
zwei Maßnahmen wurde Abhilfe geschaffen:
1. Die Einheiten Rechenwerke, Vergleicher, Speicher, Ein- und Ausgabegeräte wurden weitgehend autonom und haben ihre eigenen Steuerungen,
die eine selbständige Arbeit ermöglichen. Jede hat eine Zutrittsmöglichkeit
zum Programm und braucht auf Vorgänge in anderen Teilen der Anlage
nur dann zu warten, wenn es unumgänglich ist.
2. Die simultane Abarbeitung mehrerer Programme wurde eingeführt.
Für diese Aufgaben hat die Anlage ein sog. *Simultansteuerwerk*. Es schafft
z. B. die Möglichkeit, während der Abarbeitung von Programmen andere
zu testen und zu korrigieren. Durch besondere Maßnahmen sorgt die ge-
nannte Steuereinheit dafür, daß die zu testenden Programme vorrangig
abgearbeitet werden.
Der Bau von Großanlagen hat keineswegs zu einer Verringerung der Produktion von mittleren und kleinen Geräten geführt. Diese werden auch in
der Zukunft ihre Existenzberechtigung behalten. In einem gewissen Sinn
kommt bei ihnen das Baukastenprinzip immer mehr zur Anwendung. Dem
jeweiligen Stand der Entwicklung entsprechend, kann dann mit dem An-
wachsen der Aufgaben auch die Leistungsfähigkeit der Maschine durch
Hinzunahme neuer Bauglieder erhöht werden.

6.3. Software-Entwicklung

Die bisher skizzierten Entwicklungstendenzen beziehen sich nur auf die
„technische Realisierung dieser Anlagen" (auch *hardware* genannt). Ebenso
wichtig ist die Entwicklung der Hilfsmittel, die dem Menschen erst die
volle Ausnutzung der technischen Möglichkeiten gestatten (*software* genannt).
Hier sind in erster Linie die problemorientierten Sprachen zu nennen.
Diese befreien den Menschen in starkem Maß von lästiger und zeitrau-
bender Routinearbeit und ermöglichen eine vollständige Beschreibung des
vorgesehenen Arbeitsprozesses in eindeutiger, unmißverständlicher Art.
So wurde bereits auf ALGOL und FORTRAN hingewiesen, zwei spezielle,
sich an die gebräuchliche mathematische Formelsprache und gewisse Rede-
wendungen der Umgangssprache anlehnende Sprachen [RA 47] [16] [17],
die vorrangig zur Beschreibung numerischer Verfahren geeignet sind.
(COBOL ist für Aufgaben aus kaufmännischen Problemkreisen bestimmt
[RA 42, 44].) Da diese Sprachen keine speziellen Maschineneigenschaften
berücksichtigen, ist eine Umsetzung der in diesen Sprachen formulierten
Programme in eine Maschinensprache erforderlich[1]). Diese Arbeiten

---

[1]) Das Ergebnis dieser Übersetzung ist ein Maschinenprogramm.

übernehmen sog. *Übersetzerprogramme*, auch *Compiler* genannt. Damit ist
es möglich, die maschinenorientierten Arbeiten der Etappen IV bis VI des
Flußdiagramms im Abschn. 4.3.2.1. Automaten zu übertragen. Die Verwendung der genannten Sprachen erleichtert die Prüfung der Programme
und die Berichtigung der Fehler sehr wesentlich.

Für die meisten mittelgroßen und großen Datenverarbeitungsanlagen
werden *Bedienungssysteme* geschaffen. Diese Systeme bestehen aus Compilern, Protokollprogrammen, Programmgeneratoren, Wiederanlaufprogrammen usw. Durch sie wird nicht nur die unmittelbare Maschinenbedienung, sondern auch die Kommunikation Mensch—Maschine wesentlich erleichtert. Dies wiederum ist eine Voraussetzung für viele neue Einsatzmöglichkeiten.

6.4.   Einsatz von Rechenautomaten

Als gegenwärtige Haupteinsatzgebiete der Automaten können wir angeben: Automatisierung der Verwaltungstätigkeit, Durchführung wissenschaftlicher und technischer Berechnungen. Bei der Automatisierung der
Verwaltungstätigkeit handelt es sich z. Z. noch um vorwiegend einfache,
dafür aber sehr umfangreiche Tätigkeiten. Die Tendenz geht dahin,
Rechenanlagen mit Datenübertragungssystemen zusammenarbeiten zu
lassen. Dabei ergibt sich die Möglichkeit, durch den Einsatz von Fernschreibern, Telefon und Funk komplexe wirtschaftliche Aufgaben in Angriff zu nehmen.

Mit den Display-Einheiten wurde dem Konstrukteur ein Hilfsmittel in
die Hand gegeben, das seine Arbeit wesentlich erleichtert und den Automaten in ungeahnter Weise nutzbar macht.

In naher Zukunft wird auch der Einsatz von Rechnern für die Komplexautomatisierung verstärkt werden. Dabei wird die Zusammenarbeit von
Analogie-, Umsetzer- und Digitalgeräten immer mehr an Bedeutung zunehmen. Die Automatisierung ganzer Werke wird auf der Tagesordnung
stehen, und Rechenautomaten werden dabei in jeder Phase unentbehrlich
sein.

In dem Jahrzehnt, in dem die Rechenmaschinen zum Einsatz gelangt sind,
haben sie sich als wertvolle und unentbehrliche Hilfsmittel erwiesen. Dennoch dürfen wir sagen, daß erst kleine Teilgebiete ihres gesamten möglichen
Einsatzbereiches z. Z. bekannt und erprobt sind und noch viele Einsatzmöglichkeiten auf ihre Entdeckung warten. Vom Menschen allein wird es
aber abhängen, ob die Rechenautomaten zu seinem Wohl oder seinem
Verderb arbeiten werden.

7.   Antworten und Lösungen

Zu Abschn. 1.3.

1. Eine digitale Zahlendarstellung wird angewendet.
2. Digital.
3. Analogiegerät.

Zu Abschn. 3.1.

1. 357, 221, 154, 109.

2. Einerkomplemente:
LLOLOOO, LLOOOLO, LLOLOLO, LLLOLLL, LLLLLLL.

   Zweierkomplemente:
LLOLOOL, LLOOOLL, LLOLOLL, LLLLOOO, O.

3. Summe LLOOLL, Differenz LLL, Produkt LOOLLLLLO.

4. Wenn wir Einerkomplemente verwenden, erhalten wir LLLLOOO, OOOOLLL, LOOLLOO und bei Zweierkomplementen LLLLOOL, OOOOLLL, LOOLLOL, was —7, +7 und —51 entspricht.

5. LOOLOL, LOOLOLOO, LOOOOOO, LLLOOLOLL, LOLOOOOOOO.

6. In dem angegebenen Konvertierungsverfahren ist der Divisor 2 durch 8 bzw. 16 zu ersetzen. Die Reste sind die Oktalziffern 0, 1, 2, ..., 7 bzw. die Hexadezimalziffern 0, 1, 2, ..., 9, $\overline{0}$ (= 10), $\overline{1}$ (= 11), $\overline{2}$ (= 12), $\overline{3}$ (= 13), $\overline{4}$ (= 14), $\overline{5}$ (= 15).

7. $37 = \text{LOOLOL} = 45_8 = 25_{16}$; $148 = \text{LOOLOLOO} = 224_8 = \overline{9}4_{16}$; $64 = \text{LOOOOOO} = 100_8 = 40_{16}$; $459 = \text{LLLOOLOLL} = 713_8 = \overline{12}1_{16}$; $1280 = \text{LOLOOOOOOO} = 2400_8 = 500_{16}$.

8. Achterkomplemente: 7777746, 7552557, 7777773.
   Siebenerkomplemente: 7777747, 7552560, 7777774.

Zu Abschn. 3.2.

1. OOLL OLLL, OOOL OLOO LOOO, OLLO OLOO, OLOO OLOL LOOL, OOOL OOLO LOOO OOOO.

2. Summe OLLO OOOO OLLL. Differenz — OOLL OOOL OOOL.

3. OLLO LOLO, OLOO OLLL LOLL, LOOL OLLL, OLLL LOOO LLOO, OLOO OLOL LOLL OOLL.
   Summe LOOL OOLL LOLO, Differenz — OLLO OLOO OLOO.

4.

8	4	—2	—1		4	4	1	—2					
O	O	O	O		O	O	O	O					
O	L	L	L		O	O	L	O					
O	L	L	O		O	L	O	L	oder	L	O	O	L
O	L	O	L		O	L	L	L	oder	L	O	L	L
O	L	O	O		L	O	O	O	oder	O	L	O	O
L	O	L	L		L	O	L	O	oder	O	L	L	O
L	O	L	O		L	L	O	L					
L	O	O	L		L	L	L	L					
L	O	O	O		L	L	O	O					
L	L	L	L		L	L	L	O					

5.

8-System	16-System	16-System
0 O O O	O O O O	8 L O O O
1 O O L	O O O L	9 L O O L
2 O L O	O O L O	10 L O L O
3 O L L	O O L L	11 L O L L
4 L O O	O L O O	12 L L O O
5 L O L	O L O L	13 L L O L
6 L L O	O L L O	14 L L L O
7 L L L	O L L L	15 L L L L

6. $315 = 473_8 = 13\overline{1}_{16}$.

LOOLLLOLL = LOO LLL OLL = OOOL OOLL LOLL.

Zu Abschn. 3.3.

1. 0,0000001; 0,0000002, ...; 0,000001.

2. 0,34775/+3; 0,11089205/+6; 0,275/—3; —0,75/—2; —0,575000285/+3.

3. O,L/O; O,L/L; O,LOOLL/LOO; ±O,LOL/—LL.

4. $10^{-1000} \leqq |z| \leqq (1 - 10^{-10}) \cdot 10^{999}$, $z = 0$.

Literaturverzeichnis

[1] *Trachtenbrot, B. A.:* Wieso können Automaten rechnen? Berlin: VEB Deutscher Verlag der Wissenschaften 1959.

[2] *Haas, G.:* Grundlagen und Bauelemente elektronischer Ziffernrechenmaschinen. Eindhoven: Philips Technische Bibliothek 1961.

[3] *Kämmerer, W.:* Ziffernrechenautomaten. Berlin: Akademie-Verlag 1960.

[4] *Kitow, A. J.; Krinizki, N. A.:* Elektronische Digitalrechner und Programmierung. Leipzig: Teubner-Verlag 1962.

[5] *Müller, H.:* Die elektronische digitale Rechenmaschine und Grundlagen ihrer Anwendbarkeit. Berlin: Verlag Dunker und Humblot 1959.

[6] *Thüring, B.:* Einführung in die Methoden der Programmierung kaufmännischer und wirtschaftlicher Probleme für elektronische Rechenanlagen. Baden-Baden: Robert-Göller-Verlag 1957, 1958.

[7] *Kretzmann, R.:* Handbuch der Automatisierungstechnik. Berlin-Borsigwalde: Verlag für Radio-Foto-Kinotechnik 1959.

[8] *Kretzer, K.:* Handbuch für Hochfrequenz- und Elektrotechniker.
Im IV. Band: *Anacker, W.:* Theorie und Technik elektronischer digitaler Rechenautomaten.
Im VI. Band: *Fischer, K.:* Schaltalgebra. — *Huber, A.:* Analogrechner als Simulatoren.
Berlin-Borsigwalde: Verlag für Radio-Foto-Kinotechnik.

[9] *Böttger, G.; Kadow, H.; Kerner, J.:* Programmieranweisung für den ZRA 1. Berlin: VEB Verlag Technik 1963.

[10] *Güntsch, F. R.:* Einführung in die Programmierung digitaler Rechenautomaten. 2. Aufl. Berlin: Walter de Gruyter & Co 1963.

[11] *Speiser, A. P.:* Digitale Rechenanlagen. Berlin: Springer-Verlag 1961.

[12] *Steinbuch, K.:* Taschenbuch der Nachrichtenverarbeitung. Berlin: Springer-Verlag 1962.

[13] „Elektronische Rechenanlagen". Zeitschrift für Technik und Anwendung der Nachrichtenverarbeitung in Wissenschaft, Wirtschaft und Verwaltung. München und Wien: Verlag R. Oldenbourg.

[14] „Elektronische Datenverarbeitung". Fachberichte über programmgesteuerte Maschinen und ihre Anwendung. Braunschweig: Verlag Fr. Vieweg u. Sohn.

[15] „Rechentechnik — Datenverarbeitung". Berlin: Verlag Die Wirtschaft.

[16] *Kerner, I. O.; Zielke, G.:* Einführung in die algorithmische Sprache ALGOL. Leipzig: B. G. Teubner Verlagsgesellschaft 1966.

[17] *Bauer; Heinhold; Samelson; Sauer:* Moderne Rechenanlagen. Stuttgart: B. G. Teubner Verlagsgesellschaft 1965.

Die Bände der REIHE AUTOMATISIERUNGSTECHNIK sind im Text mit [RA...] gekennzeichnet worden.

Sachwörterverzeichnis

Additional material from *Programmgesteuerte Universalrechner,*
ISBN 978-3-322-97985-8, is available at http://extras.springer.com